KB263728

맛있는 요리를 만드는 레시피가 있는 것처럼 웃음, 힐링, 성장을 만드는 레시피도 있을까요?
레시피팩토리는 모호함으로 가득한 이 세상에서 당신의 작은 행복을 위한 간결한 레시피가 되겠습니다.

홈메이드 사워도우

Sourdough

반려 르방과 함께,
맛있는 집빵 생활 시작해보세요

빵을 좋아하지만 마음껏 먹을 수 없는 분들이 많을 거예요. 저도 그랬거든요. 10년 전, 가족을 위해 집에서 빵과 과자를 열심히 만들었는데, 매일같이 먹다 보니 몸이 점점 무거워지고 소화도 잘되지 않았어요. 둘째 딸에게도 아토피 피부염 증상이 나타난 걸 보고, 우리가 먹는 빵이 과연 괜찮은 걸까 하는 의문이 들기 시작했지요.

빵을 너무 좋아하는 아이들을 위해 다른 방법을 찾던 중 알게 된 것이 천연 발효빵이었어요. 그중에서도 사워도우는 밀가루와 물만으로 천천히 키운 르방을 넣어 만든다는 점이 매력적이었지요. 빵의 주재료인 밀가루 자체가 몸에 해로운 줄로만 알았는데, 만들어 먹는 방식에 따라 이로운 먹거리가 될 수 있다더라고요. 그 당시만 해도 접하기 어려웠던 사워도우에 대한 정보를 여기저기서 찾아가며 무작정 르방부터 키우기 시작했어요.

물론 시작은 쉽지 않았어요. 버린 밀가루만 해도 몇 킬로는 돼서 실망하고 속상한 날도 많았지요. 실패하면서도 계속 르방을 키웠더니 언제부턴가 내 르방에게 지금 뭐가 필요한지 알게 됐어요. 르방은 어떤 먹이를 주는지, 주변 온도가 어떤지, 얼마나 신경 쓰고 애정을 쏟는지에 따라 상태가 달라지고 필요한 걸 채워주면 어김없이 쑥쑥 자라나요. 마치 반려동물처럼요. 그리고 기특하게도 시간이 지날수록 더 튼튼해지고 빵을 만들기 좋은 상태로 안정되더라고요. 직접 키운 르방으로 발효시켜 만든 사워도우는 정말 향긋하고 구수한, 다른 어떤 음식과도 바꿀 수 없는 맛이에요. 매일 먹어도 속이 편안하고 몸에 무리가 없는 건 물론이고요.

그렇게 르방과 사워도우의 매력에 푹 빠져 2023년부터 인스타그램을 통해 직접 키운 르방을 나누기 시작했어요. 르방을 잘 건조시켜 편지 봉투에 담아 벌써 400명에 가까운 분들에게 입양 보냈지요. 많은 분들이 받은 르방을 되살려 건강한 빵을 만들어 드시며 "속이 편안해요", "르방을 돌보고 빵을 굽는 과정이 힐링돼요"라며 고마움을 전하시고, 또 그 과정에서 생기는 궁금증을 해결해드릴 수 있어 보람된 나날을 보내고 있어요.

르방과 함께하면서 빵을 만들면서도 몸에 좋은 선택을 할 수 있다는 것, 건강한 빵을 만드는 과정이 어렵지 않다는 것, 그리고 시간의 흐름을 자연스럽고 긍정적으로 받아들이는 방법까지 배우게 됐어요. 밀가루, 물이 한데 섞여 오랜 시간 발효되면서 더 깊고 향기로워지는 과정은 정말 신기하고 놀랍더라고요. 르방을 나누고, 팔로워 분들의 질문에 답하는 것을 넘어 더 많은 분들이 사워도우의 진가를 알게 되길 바라며 이렇게 책을 쓰게 되었어요.

제가 직접 겪은 시행착오와 경험을 바탕으로 르방을 키우고 관리하는 방법부터, 르방을 활용해 건강한 빵을 만드는 방법, 르방을 활용한 다양한 레시피까지 다채롭게 다뤄보려 해요. 환경, 재료 등에 따라 변화무쌍한 사워도우지만, DM이나 댓글로 질문을 주셨던 많은 분들을 생각하며 최대한 쉽게 따라 하실 수 있도록 신경 써 담았어요. 빵을 좋아하면서도 소화나 혈당 문제로 맘껏 즐기지 못하던 분들, 집에서 사워도우를 직접 구워보고 싶었던 분들께 이 책으로 작은 용기와 즐거움을 드릴 수 있길 바라요. 책을 따라 하나씩 만들다 보면 처음에는 완벽하지 않더라도, 곧 건강하고 맛있는 사워도우로 '반려 르방'의 보답을 받을 수 있을 거예요.

직접 르방을 키워내고, 천천히 반죽을 발효시켜 빵이 완성되는 맛있는 순간. 여러분도 함께 즐겨보시길 바랄게요.

2025년 7월, 빵필이 **이하윤**

Contents

Chapter 1

Basic
Guide

사워도우 제대로 알아보기

Chapter 2

Simple
Sourdough

3분 반죽으로 만드는 심플 사워도우

Chapter 3
Various Sourdough

가장 배우고 싶은 대표적인 사워도우

Chapter 4
Discarded Levain Recipes

디스카드 르방 활용 레시피

Basic Guide

사워도우 제대로 알아보기

반려 르방과 함께하는 맛있는 집빵 생활을 위해
꼭 알아야 할 내용만 쉽고 친절하게 짚어드릴게요.
르방, 사워도우가 무엇인지부터
재료와 도구, 르방 만들기까지 처음이라 막막했다면,
이 챕터를 따라 한 걸음씩 시작해보세요.

많은 분들이 르방과 사워도우에 대해 가장 궁금해하는 내용은 따로 모아
'Q&A 가장 많이 하는 질문과 답변' 코너에서 다뤘어요(160~164쪽).

사워도우 개념 다지기

천연 발효빵이 뭐예요?

우리가 일반적으로 먹는 빵에는 대부분 '이스트yeast'라는
재료가 들어가요. 이스트는 빵을 부풀게 하는 효모로,
짧은 시간 안에 반죽을 발효시켜 손쉽게 빵을 만들게 해줘요.
하지만 이스트를 사용한 빵을 잘 소화시키지 못하는 사람들도
있어서, 더 건강한 대안을 찾으면서 주목받기 시작한 것이
바로 천연 발효빵이에요.

천연 발효빵은 이스트 대신 공기나 밀가루에서 자연스럽게
얻은 미생물로 만든 천연 발효종을 사용해 반죽을 천천히
발효시켜 만드는 빵이에요.
만드는 데 시간은 오래 걸리지만 그만큼 구수한 맛과 깊은
풍미를 느낄 수 있고, 소화가 쉽다는 장점이 있어요.

대표적인 천연 발효종, 르방

천연 발효빵을 만들려면 천연 발효종이 반드시 필요해요.
천연 발효종은 자연에서 유래한 효모와 젖산균이 곡물, 과일,
채소, 꿀 등 다양한 재료 속에서 자라나며 만들어지는 발효의
원천이에요. 적절한 온도와 수분 환경이 갖춰지면 미생물들이
활발하게 움직이며 균형을 이루고, 발효종이 쑥쑥 자라나지요.

천연 발효종에는 여러 가지 형태가 있지만, 가장 널리 알려지고
기본적으로 사용되는 것이 바로 '르방levain(사워도우 스타터)'
이에요. 밀가루와 물만으로 키우는 이 발효종은 효모와
젖산균이 자연스럽게 자라나 균형을 이루며 발효력을 가지게
된답니다. 사워도우는 이렇게 키운 르방을 반죽에 넣어
발효시켜 만드는 천연 발효빵이에요.

사워도우,
이래서 좋아요

① 소화가 쉬워요

천연 발효종 속 효모와 젖산균이 반죽을 발효시키면서 장에 부담을 주는
복잡한 당질과 글루텐을 미리 분해해요. 그래서 일반 밀가루 빵보다
소화가 잘되고 소화기관이 민감한 분들에게도 부담이 적어요.

② 혈당이 천천히 올라요

발효 중 생성된 유기산이 전분의 소화를 늦춰주니 탄수화물이 천천히 분해되어
혈당이 급격히 오르지 않고, GI지수(혈당지수)도 낮아 당 조절이 필요한 분들에게 좋아요.

③ 첨가물 없이 건강해요

이스트, 개량제 없이도 충분히 부드럽고 쫄깃한 식감,
건강하고 자연스러운 맛을 즐길 수 있어요.

④ 만들기 어렵지 않아요

사워도우는 특별한 장비나 재료 없이도 밀가루와 물만으로 르방을 만들어 시작할 수 있어요.
일단 시작하면 르방이 조금씩 커가는 모습을 매일 관찰하고 돌보는 과정,
밀가루와 섞어 정성껏 발효시켜 빵으로 완성하는 과정을 즐기게 된답니다.

⑤ 풍미가 깊고 구수해요

사워도우는 보통 장시간 저온 발효를 거치는데,
이때 유기산과 향이 생성되면서 빵에 고소한 맛, 감칠맛, 은은한 산미를
더해줘요. 오랜 시간 발효시킬수록 맛이 더 깊어져요.

⑥ 보존성이 좋아요

유기산 덕분에 쉽게 곰팡이가 생기거나 세균이 증식하지 않아
방부제 없이도 빵이 쉽게 상하지 않아요 .
수분 보유력도 좋아 일반 빵에 비해 촉촉한 식감을 오래 유지할 수 있어요.

사워도우 만들 때 필요한 기본 재료

사워도우는 들어가는 재료가 많지 않지만 각각의 재료가 맛과 식감에
큰 영향을 줘요. 각 재료의 특성을 제대로 이해하고 시작하면
훨씬 더 완성도 높은 사워도우를 만들 수 있답니다.

강력분

단백질(글루텐) 함량이 11~14%인 밀가루로 빵 만들 때 주로 사용돼요.

추천 제품 한국 마루비시 K-블레소레이유, 대한제분 코끼리 강력 밀가루,
프랑스 포리쉐 T65

강력분

> ### 국산 강력분
>
> 우리밀 강력분은 수분 흡수율이 낮아 물의 양을 10~15% 줄이는 것이 좋아요.
> 통밀가루나 중력분과 혼합하면 더 탄탄한 조직감을 낼 수 있어요.
>
> **추천 제품** 오가그레인 우리밀 맷돌제분 강력분, 산아래 우리밀 강력분(백강밀)

중력분

단백질 함량이 9~11%인 밀가루로 적당한 글루텐 함량 덕분에 부드러우면서도 쫀쫀한
식감을 만들어줘요. 다양한 요리에 널리 쓰이며, 르방을 키울 때도 사용할 수 있고
빵을 만들 때 강력분에 30% 정도 섞어 쓰면 보다 촉촉한 식감을 더할 수 있어요.

추천 제품 네니아 우리밀 백밀가루

국산 강력분

통밀가루

밀의 배아와 속껍질을 함께 갈아 만든 가루예요. 섬유질과 영양소가 풍부해서
건강빵을 만들기 적합하고, 식감이 다소 거칠지만 씹을수록 고소한 맛이 나요.

추천 제품 밥스레드밀 오가닉 통밀가루

> ### 국산 통밀가루
>
> 수입산보다 글루텐이 약해 덜 부풀지만, 담백한 맛과 투박한 식감이 매력이에요.
>
> **추천 제품** 오가그레인 우리밀 맷돌제분 통밀가루(일반·아리흑밀), 이철규농부
> 금강통밀

중력분

통밀가루

호밀가루

호밀가루

호밀은 밀과 비슷하게 생긴 곡물이에요. 호밀가루를 반죽에 넣으면 섬유질과 당분이 만들어주는 환경 덕분에 호밀 속에 풍부한 천연 미생물과 효소가 활발하게 작용해 발효가 빠르게 이루어져요.

추천 제품 프랑스 포리쉐 T130, 선인 유기농 호밀가루

국산 통밀가루

국산 호밀가루

세몰리나

세몰리나

단단한 밀 품종인 듀럼밀을 거칠게 분쇄해 만든 가루로, 파스타를 만들 때도 많이 쓰여요. 고소한 풍미와 쫄깃한 식감이 특징으로, 바게트, 포카치아, 피자 도우 등 다양한 빵에 활용되며, 강력분과 혼합하면 반죽이 더 안정적이고 탄력 있어요. 밀가루와 1 : 1로 섞어 덧가루로 쓰면 반죽이 손에 덜 달라붙고 크러스트도 바삭하게 구워져요.

물

반죽의 수분감을 결정할 뿐 아니라,
르방의 상태와 발효 속도에도 큰 영향을
주는 재료예요. 무엇보다 계절과 환경에
따라 물 온도를 조절하는 것이 아주
중요하답니다.

- 물은 일반 수돗물을 사용하는 것이
  무난해요. 수돗물에 들어 있는 염소
  성분은 발효에 영향을 줄 만큼 많지
  않아서 크게 염려하지 않아도 됩니다.
- 정수된 물은 정수기 종류에 따라
  미네랄이 거의 제거된 경우도 있는데,
  이런 물은 발효가 느려지거나 르방의
  활력이 약해질 수 있으니 주의하세요.
- 물 온도는 일반적으로 22~25℃가
  적당하지만 실내 온도 등에 따라
  조절해요.

소금

미네랄이 풍부하고 맛이 부드러운
천일염을 사용했어요. 천일염의 입자가
너무 굵을 경우 반죽 시작 단계에
물에 녹여 사용해도 되고, 정제염을
사용한다면 염도 차이가 있으니 정량의
80~85%만큼만 사용하세요.

- 빵의 간을 맞출 뿐만 아니라, 글루텐
  형성의 안정화와 발효 속도에도 중요한
  역할을 해요. 효모의 활동을 조절해
  발효를 균일하게 진행하도록 돕고,
  글루텐 결합을 강화해서 반죽의 탄력과
  구조 안정성을 높여주지요.
- 소금을 너무 많이 넣으면 발효가
  지나치게 느려지고, 빵이 짜고 단단해질
  수 있으니 주의해야 해요. 총 밀가루 양의
  2% 내외로 사용하는 것이 좋아요.

꿀

색이 어둡고 향이 비교적 강한 밤꿀을
사용했어요. 밤꿀의 향과 살짝 쌉쌀한
맛이 사워도우의 발효 향과 제법 잘
어울린답니다. 아카시아꿀, 잡화꿀
등 취향에 맞는 것으로 골라 사용해도
좋아요.

- 발효종의 활력이 부족할 때나, 발효
  속도를 높이고 싶을 때 넣으면 좋아요.
- 당분이 효모의 활동을 도와 발효를
  촉진하고, 설탕보다 수분 유지력이 높아
  빵이 더 촉촉하게 완성돼요.
- 은은한 단맛과 향으로 풍미를 끌어올리는
  재료이기도 해요.
- 다만, 꿀을 과하게 넣으면 글루텐
  형성을 방해하고, 반죽의 구조가 약해져
  흐물거리거나 구울 때 색이 진하게
  날 수 있으니 주의하세요.

사워도우 만들 때 필요한 **도구**

빵 만들 때 필요한 기본 도구와 완성도 높은 사워도우를 만들기 위해 갖추면 좋을 도구를 소개할게요.
모든 도구가 있어야만 사워도우를 만들 수 있는 것은 아니니 아이콘을 참고해 도구를 준비해보세요.

필 반드시 필요한 필수 도구예요.　　**추** 없어도 되지만 있으면 훨씬 편해서 준비하길 추천해요.　　**선** 선택 사항이니 당장 없어도 괜찮아요.

▌ 빵 만들기의 기본 도구

저울 **필**

- 사워도우를 만들 때는 미세한 차이로도 발효 속도와 결과가 달라질 수 있어요. 1g 단위까지 측정 가능한 디지털 저울을 사용하는 것을 추천해요.

온도계 **필**

- 반죽 온도와 발효 환경의 온도를 확인해 보다 안정적으로 발효시킬 수 있어요.
- 스틱형 심부 온도계, 비접촉식 적외선 온도계 둘 중 하나만 있어도 충분해요.

타이머 **필**

- 발효 시간, 밥 주는 시간 등을 정확히 관리할 수 있어요.
- 사워도우를 만들 때는 하루에 한 번 밥 주기, 저온 발효 시간 체크 등 장시간 관리가 필요하니 시간을 꼭 체크하는 게 좋아요.

볼 **필**

- 반죽을 섞거나 1차 발효를 진행할 때 사용해요.
- 깊고 넉넉한 크기의 볼이 반죽을 섞고 접기 편해요.
- 발효 도중에 반죽이 마르지 않도록 덮어야 하기 때문에 뚜껑이 있으면 편리해요.

주걱 **필**

- 르방에 밥을 줄 때나 반죽을 섞을 때 사용해요.
- 작은 용기에 담긴 르방을 편하게 다루려면 작고 유연한 실리콘 주걱을 사용하면 편리해요.

스크래퍼 **필**

- 반죽을 작업대에서 깔끔하게 떼어낼 때, 반죽을 옮기거나 분할할 때도 유용해요.
- 큰 사이즈 하나, 손 크기에 맞는 유연한 것 하나씩 갖추면 편리하게 사용할 수 있어요.

식힘망 **필**

- 오븐에서 꺼낸 갓 구운 빵을 식히는 데 필요해요.
- 갓 구운 빵을 막힌 바닥에 두면 열기 때문에 눅눅해질 수 있으니 반드시 식힘망 위에서 식히는 것이 좋아요.

테프론시트 **추**

- 빵을 구울 때 반죽 밑에 깔면 팬에 들러붙지 않아요.
- 너무 크면 강한 열풍에 펄럭여 굽기에 영향을 줄 수 있으니, 반느통보다 약간 크게 잘라 사용하면 좋아요.
- 종이포일로 대체 가능해요.

① 르방 용기 （필）

- 입구가 넓고 내부가 잘 보이는 유리병이 가장 좋고, 플라스틱 밀폐용기를 사용해도 좋아요. 너무 넓고 낮은 용기를 사용하면 부풀어오른 정도를 확인하기 어려워요.

- 진공 용기를 사용한다면 르방이 숨쉴 수 있게 뚜껑을 살짝만 닫아요.

- 르방은 발효 중 약 2~3배 부풀기 때문에, 부피가 최소 3배 이상 공간이 되는 용기를 사용하세요.

반느통이 없다면?

- 스텐볼, 채반으로 대체할 수 있어요.

- 단, 반죽이 숨 쉴 수 있도록 면포나 장독용 메시커버를 덮고, 덧가루를 뿌려 사용하세요.

- 덧가루를 충분히 뿌려야 반죽이 달라붙지 않아요.

② 반느통 （추）

- 반죽이 질고 묽은 사워도우의 특성상 안정적인 형태를 잡아주는 반느통의 역할이 중요해요.

- 2차 발효 단계에서 반죽의 형태를 유지하고, 수분을 적절히 흡수해요.

▪ 등나무(라탄) 반느통

습도 조절에 뛰어나 반죽이 마르지 않게 하고, 빵에 멋스러운 나선형 무늬를 만들어줘요. 하지만 물로 세척하면 변형되고, 덧가루를 충분히 뿌리지 않으면 반죽이 들러붙기도 해요. 사용 후 물로 씻기보다는 솔로 털어 바람이 잘 통하는 그늘진 곳에서 바짝 말려서 보관하세요.

▪ 펄프(종이) 반느통

세척도 쉽고 반죽이 잘 달라붙지 않아 덧가루를 많이 쓰지 않아도 돼요. 하지만 가격이 비교적 비싼 편이고, 장시간 사용하면 변형되기도 한답니다. 사용 후 솔로 덧가루를 털어낸 후 오븐 잔열에 바짝 말려서 보관하세요.

③ 장독용 메시커버 · 면포 추

- 반느통에 직접 덧가루와 샤워도우 반죽이 닿으면 사용 후 세척하기 쉽지 않아요. 그럴 때는 반느통에 장독용 메시커버나 면포를 깔아보세요.
- 일회용 부직포 헤어캡도 같은 용도로 사용할 수 있어요.

④ 반느통 전용 브러시 선

- 반느통에 반죽을 직접 닿게 넣었다면 들러붙은 밀가루나 마른 반죽을 깨끗하게 청소하기 위해 필요한 도구예요.
- 반드시 전용 브러시를 쓸 필요는 없고, 솔이 빳빳한 다른 브러시를 사용해도 좋아요.

⑤ 차 거름망 선

- 반죽에 덧가루를 뿌릴 때 사용하면 편리해요.
- 차 거름망을 열어 덧가루로 쓸 재료를 채운 후 닫아서 살살 흔들면 덧가루가 얇고 고르게 뿌려져요.
- 차 거름망 대신 고운체를 사용해도 좋아요.

⑥ 쿠프나이프 · ⑦ 단면 면도날 필

- 빵 굽기 전 표면에 칼집(쿠프)을 내는 도구예요.
- 반죽이 오븐 안에서 예쁘게 부풀어 오를 수 있도록 도와줘요.
- 전용 나이프(사진⑥)가 없다면 얇은 면도날(사진⑦)을 사용해도 좋아요. 도루코 단면 면도날을 추천해요.

⑧ 스테인리스평판 · 장수곱돌판 · 다이캐스팅팬 [추]

- 오븐 내부의 열기를 보존해주는 다양한 소재의 도구예요.

- 오븐 안에 넣고 함께 달궈서 오븐팬 대신 사용해요. 오븐용
  그릴에 팬을 얹어 사용하면 돼요. 셋 중 원하는 것을 골라 갖추면
  사워도우를 만드는 데 큰 도움이 될 거예요.

- 사워도우를 구울 때 밑열(오븐 바닥면의 열)은 빵의 형태를 잡고
  오븐 스프링을 일으키는 데 결정적인 역할을 해요.
  이런 도구를 사용하면 오븐 문을 열어도 밑열이 잘 떨어지지
  않고, 전체적으로 열이 고르게 전달돼요.

- 세 가지 모두 없다면, 오븐팬을 여러 장 겹친 후 뒤집어서
  사용해도 돼요.

⑨ 맥반석 자갈 [선]

- 오븐 내부의 습도를 조절해주는 도구예요.

- 오븐팬 등에 담아 오븐에 넣고 달군 후 위에 뜨거운 물을 부으면
  증기가 올라와 오븐 내부의 습도가 조절돼요.

- 반죽 겉면을 마르지 않게 해 겉면은 얇고 바삭하게, 속은
  촉촉하게 구워지도록 도와줘요. 겉면이 천천히 건조되면서 오븐
  스프링도 극대화된답니다.

- 스텐 숟가락, 분무기 등 다른 도구를 활용해도 좋아요(37쪽).

⑩ 더치오븐 · 무쇠 냄비 [선]

- 반죽을 넣고 구울 때 열과 수분을 가둬 완성도 높은 사워도우를
  만들 수 있도록 도와주는 도구예요. 돌판이나 맥반석 자갈 없이도
  열기와 습도를 동시에 확보할 수 있어서 유용해요.

- 뚜껑이 있고 깊이가 10cm 이상 되는 것을 사용해요. 사용 전
  오븐에 넣어 함께 예열해도 되고, 가스불에 직화로 올리면
  15~20분 만에 빠르게 달궈져서 편리해요.

- 뚜껑이 없다면 크기가 맞는 무쇠솥이나 깊은 스텐볼을 덮어
  사용해도 돼요.

⑪ 오븐 [필]

- 최고 온도가 높을수록 쿠프가 멋지게 터지고 겉이 바삭한
  사워도우를 만들기 유리하지만, 230℃ 이상만 되면 빵을
  만들 수 있어요. 단, 오븐의 최고 온도가 230℃라면 완성도
  높은 사워도우를 만들기 위해 스테인리스평판, 장수곱돌판,
  다이캐스팅팬 등 온도 유지를 돕는 보조 도구가 필수예요.

- 컨벡션 기능이 있는 오븐이면 열 순환이 잘되어
  더 안정적으로 구울 수 있어요.

내 오븐에 맞춰 굽기

- 이 책에서는 용량이 크고 최고 온도가
  260℃인 우녹스 오븐을 사용했어요.

- 오븐의 사양에 따라 굽는 시간과 방식, 온도
  등에 차이가 있으니 37쪽을 꼭 참고하세요.

장수곱돌판
⑧
스테인리스평판
다이캐스팅팬
⑩
⑨

르방 전체 과정 배우기

르방을 만들고 관리하는 방법을 소개합니다.
르방은 빵을 얼마나 자주 만드는지에 따라 관리 방법이 달라지니,
각 유형을 체크해 나에게 맞는 방법으로 관리해보세요.

첫 르방 시작하기

매일 빵을 만든다면?	종종 빵을 만든다면? (주 1~2회)	아주 가끔씩 빵을 만든다면?
르방에 매일 밥을 주고 실온에서 키워요.	냉장 보관해서 천천히 자라게 해요.	르방을 건조시켜서 성장을 멈추게 해요.

르방 관리법①
밥 주기 — 22쪽

르방 관리법②
냉장 보관하기 — 25쪽

르방 관리법③
건조 르방 만들기 — 26쪽

첫 르방 시작하기

첫 르방을 시작할 때는 아기 르방을 만들고, 충분한 발효력을 갖출 때까지 밥을 주며 관리해 안정된 르방으로 키우는 2단계의 과정을 거쳐야 해요. 이 과정은 재료나 환경에 따라 소요되는 시간이 다를 수 있으니 하루하루의 변화를 꼼꼼히 살피며, 건강하고 튼튼한 르방을 키워보세요.

아기 르방 만들기

1 밀가루 10g, 물 10g을 용기에 넣고 섞어 뚜껑을 덮고 실온에 24시간 둔다.

→ 처음부터 끝까지 실내 온도 24~26℃를 유지해요.

→ 마스킹테이프나 고무줄로 부피를 체크해요.

→ 아기 르방을 키울 때 사용하는 밀가루는 마트에서 쉽게 구할 수 있는 일반 강력분을 추천해요.

2 밀가루 10g, 물 10g을 추가로 넣고 섞어 뚜껑을 덮는다. 12시간 간격으로 밀가루, 물을 각 10g씩 넣고 섞기를 4~5번 반복한다.

→ 혼합물의 농도를 확인해 조금씩 묽어지면 12시간 간격을 채우지 않았더라도 밀가루, 물을 넣고 섞어 안정화시켜요.

3 혼합물이 12시간 안에 2배까지 부푸는지 확인한다.

→ 혼합물이 충분히 부풀지 않으면 밀가루, 물을 각 10g씩 넣고 섞는 과정을 몇 번 더 반복하세요. 재료, 환경에 따라 오랜 기간이 걸리기도 해요.

안정된 르방으로 키우기

아기 르방은 만들어 바로 사용하기보다 충분히 키워 안정된 후 사용해야 완성도 높은 사워도우를 만들 수 있어요. 2배로 부풀 때마다 르방과 동량의 밀가루, 물로 밥을 주며 다시 2배로 부풀어 오르는 데 걸리는 시간을 체크해요.

→ 르방이 실온에서 2배까지 부푸는 데 걸리는 시간이 10~12시간에서 점차 줄어들어 4~6시간으로 일정해지는 타이밍이 와요. 그럼 아기 르방이 빵을 발효시킬 준비가 된 거랍니다. 시간 외에도 기포의 형태, 냄새 등으로 르방의 건강을 확인할 수 있어요(23쪽).

르방이 완전히 안정되기까지 걸리는 시간은 재료나 환경에 따라 일주일이 될 수도, 한 달이 될 수도 있어요. 한번 잘 키워두면 두고두고 사용할 수 있으니 여유를 가지고 지켜봐주세요.

 밥 주기

'밥을 준다'는 말은 르방에 물과 밀가루를 섞는 것을 뜻하며,
다른 말로는 '리프레시refresh'라고도 해요. 르방은 살아 있는 발효종이라
먹이를 주지 않으면 점점 힘이 떨어지고 발효력도 약해지기 때문에,
매일 밥을 주며 상태를 확인하고 관리해야 건강한 상태를 유지할 수 있어요.

밥 주기 기본 공식
르방 : 밀가루 : 물 =
1 : 1 : 1

1 피크점(23쪽)이 조금 지나 꺼지기 시작한 르방에 동량의 밀가루와 물을 넣고 날가루 없이 고르게 섞는다.

→ 하루 한 번, 같은 시간대에 밥을 주면 발효 리듬을 맞추는 데 도움이 돼요.

2 뚜껑을 덮은 후 마스킹테이프나 고무줄을 활용해 르방의 부피를 표시하고 상태를 살핀다.

→ 밥을 준 후에는 실온(24~26℃)에서 발효시켜 피크점에서 바로 사용해요. 보통 4~6시간 걸려요.

밥 주는 주기를 조절하고 싶다면?

밥 양을 르방 양과 동량이 아닌 2배, 3배로 늘려 더 많이 주고
천천히 키우는 방법도 있어요. 전날 밤 밥을 주고 다음 날 아침
빵을 만들고 싶을 경우, 상태를 자주 확인할 수 없을 경우
아래 르방과 밥의 비율별 소요 시간 표를 참고해 밥을 주고
관리하세요.

르방 : 밀가루 : 물	피크점 도달 소요 시간
1 : 1 : 1	4~6시간
1 : 2 : 2	6~8시간
1 : 3 : 3	8~10시간
1 : 4 : 4	10~12시간
1 : 5 : 5	12~14시간
1 : 10 : 10	16~24시간

피크점 확인하기

르방에 밥을 주고 기다리면 점점 부풀어 오르는데, 가장 높이 올랐다가 천천히 내려오기 시작하는 시점이 '피크점'이에요. 이때가 반죽에 넣기 가장 좋은 타이밍으로, 피크점 상태의 르방을 사용하면 빵에서 신맛이 과하게 나지 않고 부드러운 풍미가 살아나요.

피크점 직전 가운데가 볼록하게 부풀어 올라요.

▼

피크점 도달
가장 높게 부풀었다가 천천히 내려오기 시작해 표면이 평평해지고 윗면에 풍성한 기포가 보여요.

르방의 건강 체크리스트

내가 키운 르방의 상태가 아래 네 가지에 모두 해당된다면 건강한 르방 키우기 성공!
충분히 맛있는 사워도우를 만들 준비가 된 것으로 볼 수 있어요.

☑ 온도 조건만 잘 갖춰졌다면 4~6시간 안에 2~4배까지 부풀어요.

☑ 겉면과 옆면, 바닥에 보글보글 기포가 생겼어요.

☑ 주걱으로 저었을 때 거미줄처럼 생긴 기포 구조가 보이면서 탄력이 느껴져요.

☑ 요거트처럼 상큼한 향이 나요.

플로트 테스트 Float test

르방을 처음 키우는 분들, 르방의 상태가 애매하다 싶은 분들은 플로트 테스트로 다시 한번 체크해보세요.

컵이나 볼에 찬물을 담고, 완성된 르방을 조심스럽게 떠서 물에 떨어뜨려 르방이 물에 둥둥 뜨는지 확인해요.

→ 르방이 둥둥 뜨면 발효가 잘 된 상태, 가라앉으면 아직 덜 부풀었거나 발효력이 약한 상태예요.

플로트 테스트는 참고용으로 절대적인 판단 지표로 보기는 어려워요. 특히 통밀, 호밀 르방은 충분히 발효되어도 잘 뜨지 않을 수 있으니 기포와 부풀기 정도, 냄새 등 종합적으로 판단하는 것이 더 정확해요. 여러 번 만들어보며 자신의 르방이 가장 활발할 때의 상태를 직접 익혀보세요.

르방은 어떤 밀가루로 밥을 주는지에 따라 맛과 성질, 발효 속도와 질감이 조금씩 달라져요. 기본 공식(22쪽)을 따라
밥 주기 재료를 달리하여 다양한 종류의 르방을 만들어보세요.

일반 르방

- 중력분이나 강력분으로 밥을 준
  르방이에요.
- 신맛이 덜하고 관리가 수월해서 처음
  시작하는 분들에게 추천해요.

통밀 르방

- 통밀가루로 밥을 준 르방이에요.
- 글루텐이 약해 높게 부풀지는 않아요.
- 발효가 빠른 편이니 과발효를
  방지하기 위해 자주 상태를 체크할 수
  없을 때는 냉장 보관해요.
- **활용** 통밀 100% 사워도우(112쪽)

호밀 르방

- 호밀가루로 밥을 준 르방이에요.
- 호밀 자체에 천연 효모와 젖산균이
  풍부해 발효력이 가장 뛰어나요.
- 발효가 빨라 신맛이 강해질 수 있으니,
  다른 밀가루와 섞어 사용해도 좋아요.
- **활용** 호밀 100% 사워도우(120쪽)

우리밀 르방

- 우리밀로 밥을 준 르방이에요.
- 우리밀은 글루텐 함량이 낮아
  발효력이 다소 약할 수 있어요.
  그럴 때는 밥을 줄 때 호밀가루를 약간
  섞어 발효력을 보완할 수 있어요.

초코 르방

- 일반 르방 30g에 코코아파우더 15g,
  물 10g을 넣고 섞은 후 피크점에
  도달하면 반죽에 사용해요.
- 발로나 코코아파우더를 추천해요.
- 코코아파우더의 산 성분 때문에
  발효 속도는 약간 느려지기도 해요.
- **활용** 다크초콜릿 사워도우(124쪽)

 # 냉장 보관하기

매일 빵을 만들지 않는데 실온에서 밥을 주고 관리한다면 르방이 너무 많이 자라 감당하기 어려워져요.
그럴 때는 냉장고에 넣어 관리하면 르방이 자라는 속도를 늦출 수 있답니다.

1 피크점(23쪽)이 조금 지나 꺼지기 시작한 르방에 동량의
밀가루와 물을 넣고 날가루 없이 고르게 섞은 후 뚜껑을
덮고 1~2시간 실온에 둔다.

2 반죽에 사용하기 2~3시간 전까지 냉장 보관한다.

→ 르방이 천천히 자라기 때문에 냉장 보관 중에는 일주일에
한 번 정도만 밥을 주면 돼요.

냉장 르방 이렇게 사용하세요

냉장고에서 르방을 꺼내 실온에 두고 피크점(23쪽)에 도달할 때까지
2~3시간 기다린다.

→ 신맛에 민감하다면 피크점에 도달한 후 바로 사용하기보다 실온에서
한두 번 밥을 준 후 다시 피크점에 도달했을 때 사용해보세요.

 # 건조 르방 만들기

여행 등 장기 외출을 해야 할 때나 르방의 양이 너무 많아 관리가 어렵다면 르방을 건조해서 보관할 수도 있어요.
잘 말리면 1년 넘게도 무사히 보관할 수 있답니다.

1 종이포일 위에 활성화된 르방을 올린 후 반으로 접어
밀대로 얇게 펼친다. 실온에서 완전히 마를 때까지 자연
건조한다.

→ 더운 여름에는 선풍기, 에어컨을 틀고 말리거나
식품 건조기를 28℃로 맞춰 건조한다.

2 바삭하게 마르면 부수어 병이나 지퍼백에 담아 보관한다.

→ 방습제를 함께 넣어 보관하면 좋아요.

→ 실온이나 냉동에서 모두 보관 가능하지만, 실온 보관하면
다시 사용할 때 더 빠르게 활성화돼요.

건조 르방, 이렇게 사용하세요

오른쪽의 공식을 따라 건조 르방의 양을 계산해 필요한 만큼
다시 활성화시켜 사용하세요.

1　건조 르방 5g에 3배의 물 15g을 섞는다.

2　건조 르방의 2배의 밀가루 10g을 추가하고 뚜껑을
　　덮어 24시간 실온에 둔다.

3　건조 르방의 6배의 밀가루 30g, 물 30g을 더해 섞는다.
　　뚜껑을 덮고 르방의 부피를 표시한 후 실온에 둔다.

→　모두 섞고 나면 처음 넣은 건조 르방 무게의 18배가 돼요.

4　2배 이상 부풀 때까지 발효시킨다.

→　바로 사용할 수 있을 만큼 활성화되려면 약 4시간이
　　걸려요. 실내 온도가 낮으면 더 오래 걸릴 수 있어요.

사워도우 전체 과정 배우기

사워도우는 만드는 단계가 많아 어렵게 느껴지지만
공정은 대부분 비슷한 흐름으로 반복된답니다.
이 순서만 기억해두면 어떤 레시피든 훨씬 쉽게 따라 할 수 있어요.

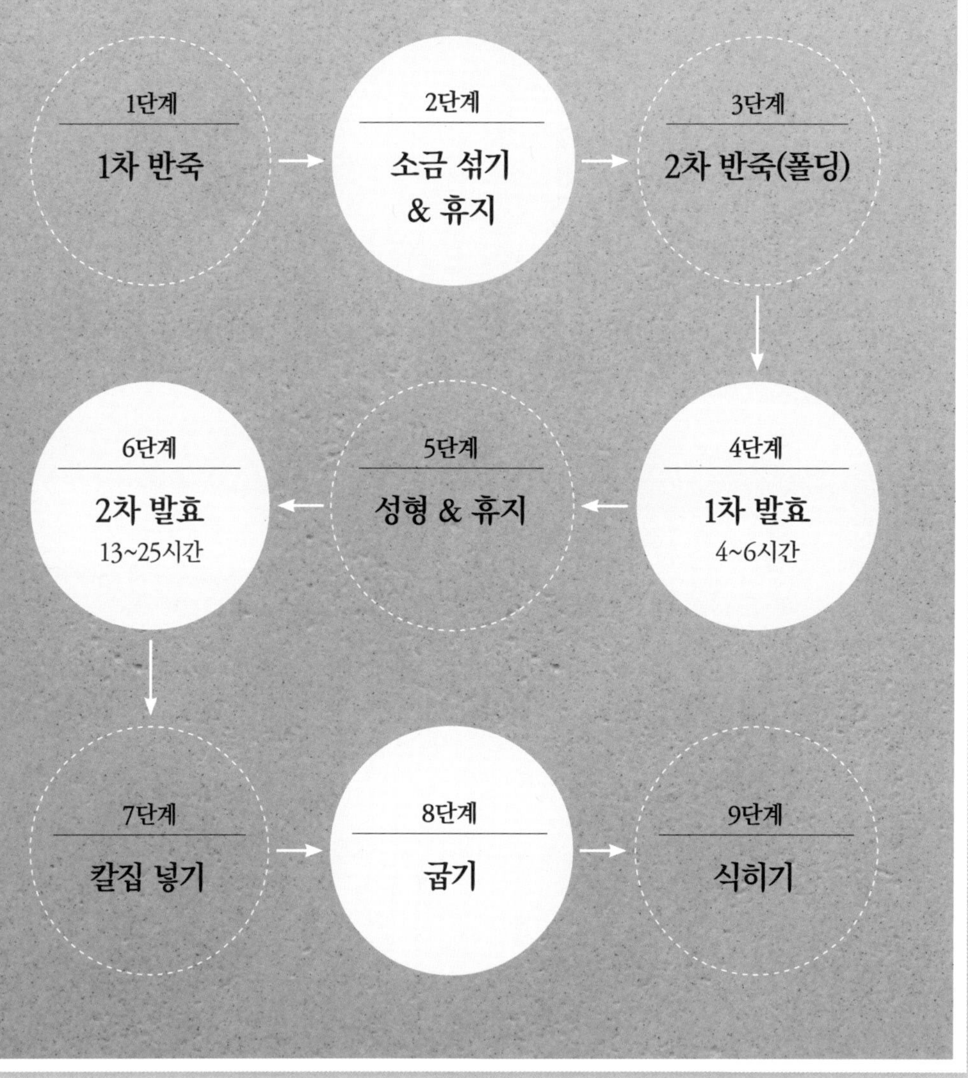

1차 반죽

르방, 밀가루, 물을 섞어 일정 시간 두고 고루 흡수시키는 과정이에요. 물에 녹인 르방과 밀가루를 넣어 섞고 약 1시간 두면 밀가루가 수분을 흡수해 글루텐이 자연스럽게 형성되도록 도와줘요.

1 큰 볼에 물, 르방을 넣고 푼다.

→ 물의 온도는 아래 공식을 참고해 조절하세요.
물 온도 = 목표 반죽 온도(24~26℃)×4 − (실내 온도 +
밀가루 온도 + 르방 온도)

→ 물을 한꺼번에 넣으면 되직함을 조절하기 어려워요.
제시된 물의 양에서 10~20% 남겨두세요.

2 밀가루를 넣고 날가루가 안 보이도록 골고루 섞는다.

→ 반죽의 되직함을 확인해 남은 물을 추가로 넣으세요.
소금을 섞을 때 사용할 전체 물 양의 5~10%의 물을
남겨두세요.

3 뚜껑을 덮고 실온(24~26℃)에 1시간 둔다.

르방의 상태 살피기

르방이 덜 큰 상태이거나 지나치게 발효돼 주저앉은 상태인 경우 발효가 잘 되지 않아요. 르방을 반죽에 섞기 가장 좋은 타이밍은 최대치로 부풀어 올랐다가 내려가면서 살짝 평평해졌을 때예요. 르방 피크점 확인하는 방법(23쪽)을 참고해 알맞는 타이밍을 맞춰 반죽을 시작해요.

반죽에 사용하기 가장 좋은 상태(피크점)

소금 섞기 & 휴지

1차 반죽을 마친 반죽에 소금을 넣고 섞어요. 전 단계에서 덜어뒀던 물을 함께 넣고 섞으면 소금이 반죽에 잘 녹아들어요. 전체적으로 고루 섞이면 실온에서 30분간 휴지시켜요.

소금과 남겨둔 5~10% 정도의 물을 넣고 반죽을 살살 주물러가며 골고루 섞는다. 모두 섞은 후 실온(24~26℃)에서 30분간 휴지시킨다.

→ 소금을 섞고 휴지를 시작하기 전, 반죽 온도를 재보세요. 가장 이상적인 반죽의 온도는 24~26℃예요.

소금은 반죽 마지막 단계에 섞기

소금은 반죽에 반드시 필요한 재료지만 처음부터 넣으면 효모의 활동을 억제하고 글루텐 형성을 방해할 수 있어요. 그래서 르방, 물, 밀가루를 섞고 일정 시간 후 소금을 넣어요. 이렇게 하면 반죽이 더 자연스럽게 수분을 흡수하고 글루텐도 더욱 잘 형성되어 부드럽고 탄력있는 식감을 만들 수 있어요.

2차 반죽(폴딩)

휴지를 마친 반죽을 늘리고 접어주는 과정이에요. 시간은 조금 오래 걸리지만 반죽기가 없어도, 손으로 오래 치대며 힘들이지 않아도 글루텐을 형성하고 강화시킬 수 있어요. '늘여 접기', '말아 접기'를 모두 거치면 빵의 형태와 식감이 안정돼 실패 확률이 적어요.

늘여 접기 Stretch & Fold

1   반죽 한쪽을 손으로 잡아 길게 늘린다.

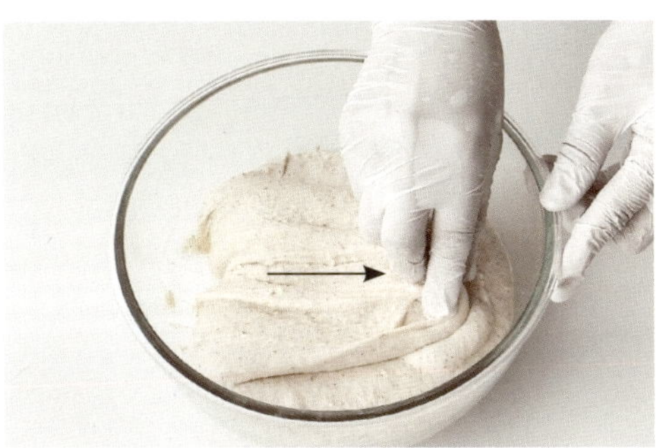

2   늘린 반죽을 반대쪽으로 접는다. 볼을 동서남북
    방향으로 돌려가며 총 4회 진행한다.

터치는 최소화하기

2차 반죽 과정에서 반죽에 너무 많이 손을 대면
발효가 느려질 수 있어요. 손에 물을 묻히거나
반죽을 가볍게 들어올리면서 조심스럽게 폴딩하면
반죽에 손을 덜 대고도 충분히 정돈할 수 있어요.

말아 접기 Coil Fold

1   반죽이 담긴 볼 바닥쪽으로 양손을 넣는다.

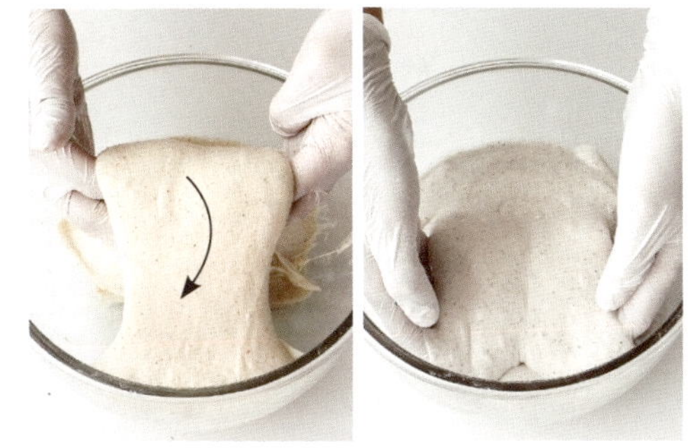

2   반죽을 들어올려 안으로 접어 넣는다. 볼을 동서남북
    방향으로 돌려가며 총 4회 진행한다.

→   말아 접기는 사워도우처럼 수분이 많은 반죽에 탄력을
    주는 효과적인 방법이에요. 40분씩 휴지해가며 말아
    접기를 여러 번 반복하면 글루텐 결이 정돈되며 반죽의
    힘이 길러져요. 반죽에 탄력이 생기고 거칠던 표면이
    매끄러워질 때까지 상태를 보며 2~5세트 반복하세요.

1차 발효 ^{4~6시간}

2차 반죽(폴딩)으로 구조가 안정화된 반죽을 발효시키는 과정이에요.

반죽의 부피가 1.5~1.7배가 될 때까지 실온(24~26℃)에 둔다.

실내 온도 조절하기

실내 온도가 너무 낮으면 발효가 느려질 수 있어요.
실내 온도가 24℃ 이하로 너무 낮다면 리빙박스나
전자레인지, 오븐 안에 뜨거운 물을 담은 컵을
두고 반죽을 함께 넣어 온도와 습도를 높인 후
발효시켜요.

발효점을 보기 어렵다면

볼 안에 든 반죽의 부피가 얼마나 늘어나는지
확인하기 어렵다면 이 방법을 사용해보세요. 좁고
깊은 소주잔에 2차 반죽까지 마친 반죽을 조금 떼어
담고 랩으로 잔 입구를 덮은 후 볼과 동일한 환경에
둡니다. 반죽의 높이를 고무줄이나 마스킹테이프로
체크해두고, 높이가 1.5~1.7배까지 올라오면
발효가 완료된 것이니 다음 단계로 넘어가도
좋아요. 소주잔에 따로 두었던 반죽은 나머지
반죽에 섞어 알뜰하게 사용하세요.

성형

사워도우를 만들 때는 성형을 총 2회 진행해요. 반죽은 수분 함량이 높아서 형태를 유지하는 힘이 약한데, 반죽을 접고 말아 글루텐 구조를 정리하면 반죽이 안정되고, 기포를 적절히 유지할 수 있기 때문이에요.

1차 성형 & 휴지

1 작업대에 덧가루를 뿌리고 1차 발효를 마친 반죽을 올린다. 반죽 위에도 덧가루를 뿌린다.

2 반죽을 손으로 가볍게 두드려 높이를 균일하게 맞춰가며 넓게 펼친다.

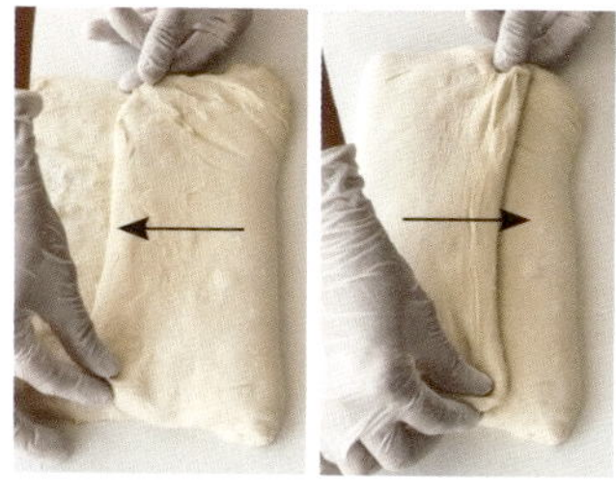

3 반죽을 왼쪽에서 가운데, 오른쪽에서 반대편으로 겹쳐 3단으로 접는다.

4 반죽의 끝을 모아 위에서부터 아래로 탄탄하게 만다.

5 표면이 매끈해지도록 양손으로 둥글린다.

6 반죽을 작업대 위에 올린 채로 볼을 뒤집어 덮고 20분간 휴지시킨다.

반죽에 부재료를 섞을 때는 이렇게

무른 조직의 부재료를 반죽에 섞기 좋은 타이밍은 1차 성형을 할 때예요. 재료가 으깨지거나 부서지지 않고 반죽에 고루 퍼지도록 섞을 수 있지요. 반죽을 넓게 펼치고 접을 때, 층 사이사이에 부재료를 골고루 얹은 후 말아주면 반죽을 치대지 않아도 빵 전체에 자연스럽게 섞여요.

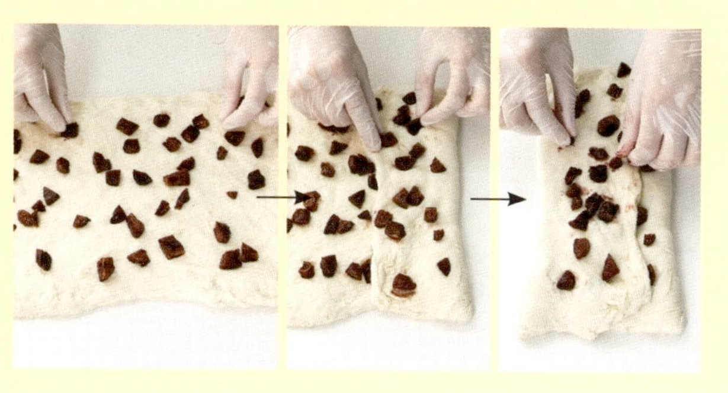

2차 성형

반죽을 발효시키기 전, 반느통에 넣기 위해 모양을 잡는 과정이에요. 사워도우를 굽기 전, 표면을 팽팽하게 하고 형태를 단단히 잡을 수 있는 마지막 기회이니, 빵의 모양이 잘 잡히도록 신경 써 작업하세요.

1 휴지를 마친 반죽으로 1차 성형의 과정 ④까지 진행한다.

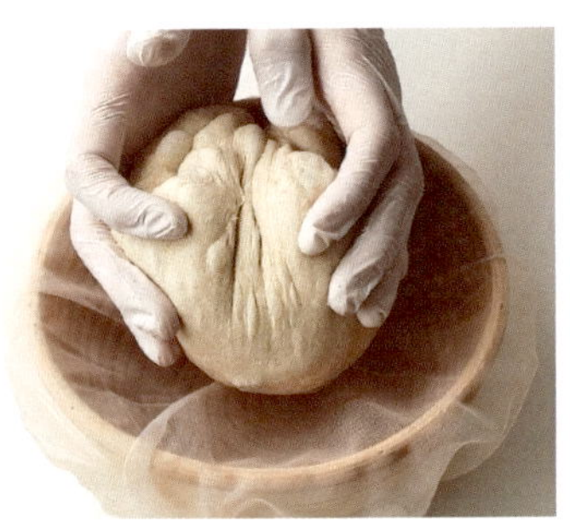

2 반느통에 반죽의 이음매가 위로 가도록 반죽을 넣는다.

3 반죽이 벌어지지 않고 더 탄탄하게 말리도록 이음매를 꼬집어 붙인다.

힘 조절하기

성형할 때 반죽을 너무 세게 만지면 기포가 터져요. 또 반죽을 접은 후 말 때 너무 탄력 없이 느슨하게 말면 구운 후 납작하게 퍼질 수 있어요. 겉면을 팽팽하게 말되 손에 너무 힘을 많이 주지 말고, 살살 다루어 기포를 유지해주세요.

반느통 모양에 맞게 성형하기

사용하는 반느통의 모양에 따라 성형 방식도 달라져요. 빵이 예쁘게 부풀고 안정적으로 구워지기 위해 필요한 과정이에요.

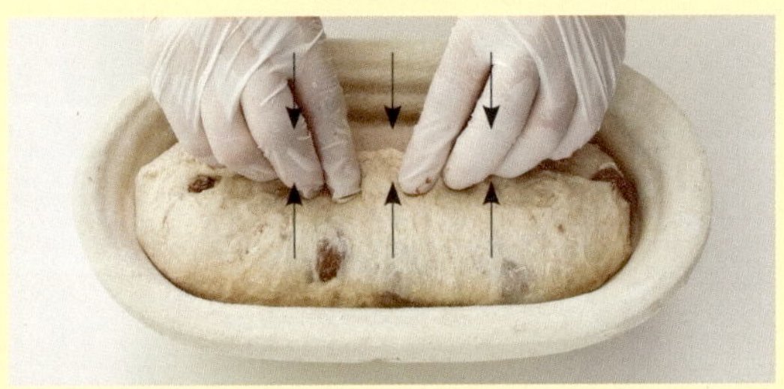

타원형 반느통

접은 반죽을 말아서 그대로 이음매가 위로 가도록 반느통에 넣어요. 살짝 긴 타원형 모양을 살려 이음매를 일(一)자로 꼬집어 붙여요.

원형 반느통

접은 반죽을 말아서 가볍게 둥글려요. 이음매가 위로 가도록 반느통에 넣고, 반느통과 맞닿는 아랫면이 팽팽하게 당겨지도록 사방에서 반죽을 조금씩 끌어와 이음매를 꼬집어 붙여요.

2차 발효 13~25시간

성형해 반느통에 넣은 반죽을 1시간 실온 발효시킨 후 오랜 시간 냉장고에 넣어 숙성시키는 과정이에요. 사워도우 특유의 풍미가 더 깊어지고, 반죽의 결이 정돈된답니다. 발효가 천천히 진행되니 다음 날 아침에 굽거나, 시간이 될 때 꺼내 성형 후 바로 굽는 등 일정에 맞춰 자유롭게 조절할 수 있어요.

반느통을 랩이나 비닐로 덮은 후 실온(24~26℃)에 1시간 둔다. 냉장고에 반죽을 넣고 12~24시간 천천히 발효시킨다.

발효점 체크하기

2차 발효가 충분히 진행되었는지는 손가락 테스트로 확인할 수 있어요. 손가락으로 반죽을 1~2초 눌렀을 때 반죽이 바로 튀어나오면 발효 부족, 그대로 손자국이 남아 다시 올라오지 않으면 과발효, 반죽을 누른 시간만큼 천천히 올라오면 굽기 딱 좋은 타이밍이에요.

발효 부족, 조금 더 기다려요

과발효, 신맛이 날 수 있어요

굽기 딱 좋은 발효 상태

칼집 넣기

2차 발효를 마친 반죽을 날카로운 칼날로 그어 빵이 고르게 잘 부풀고 속까지 제대로 익을 수 있도록 하는 과정이에요. 칼집을 한 번에 넣으면 좋지만, 그게 어렵다면 2~3번에 나눠 그어도 충분히 예쁜 빵으로 완성된답니다.

1 테프론시트 위에 반느통을 엎어 반죽을 올리고 윗면에 덧가루를 얇게 뿌린다.

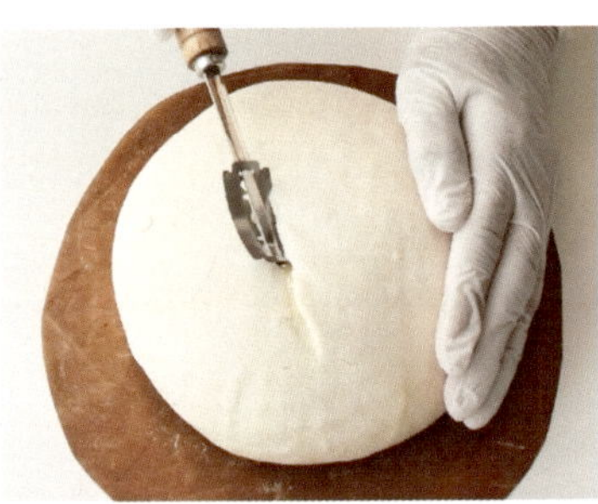

2 쿠프나이프나 면도날을 사용해 원하는 모양으로 칼집을 넣는다.

오븐 들어가기 직전에 칼집 넣기

칼집을 미리 넣어 시간이 경과되면 반죽이 주저앉기 시작해요. 칼집은 오븐 문 열기 직전에 긋고, 바로 오븐에 넣어요.

칼집 넣기가 어렵다면

사워도우 반죽은 수분 함량이 높아 칼날이 잘 들어가지 않거나, 반죽이 밀리면서 찢어지기 쉬워요. 이럴 땐 반죽을 냉동실에 30분 정도 넣어 살짝 굳히거나 칼날을 뜨거운 물에 잠시 담근 후 작업하세요.

칼집 각도 조절하기

칼날을 반죽에 넣는 각도에 따라 빵이 오븐에 들어갔을 때 부푸는 모양이 달라져요. 원하는 각도를 선택해 칼집을 넣어보세요.

칼날을 기울여 반죽 표면에 밀착시키고 얇게 포를 뜨듯이 그어요.

칼날을 수직으로 세워 곧게 그어요.

굽기

사워도우의 완성도에 큰 영향을 주는 단계예요. 처음엔 높은 온도로 반죽을 부풀리면서 얇고 바삭한 껍질을 만들고, 이후 온도를 낮춰 속까지 촉촉하게 익혀요. 충분한 예열과 초반의 스팀은 크고 고른 오븐스프링, 바삭한 크러스트, 촉촉한 내부를 만드는 데 꼭 필요한 요소랍니다.

예열하기

- 오븐의 최고 온도인 230~280°C에서 40분~1시간 예열해요.
- 고온으로 충분히 예열해야 형태가 잡히기 전에 크게 부풀어 올라요.
- 바닥에서 올라오는 열이 약하면 반죽이 퍼져 납작해지고 크러스트도 잘 형성되지 않아요.
- 다이캐스팅팬, 스텐평판 등 보조 도구를 함께 예열해 사용하면 반죽 바닥에 강한 열이 직접 전달돼 더욱 고르게 부풀어요(18쪽).

오븐 끄기, 굽기

- 예열한 오븐에 반죽을 넣고 오븐을 잠시 끄면 반죽 표면이 단단해지는 속도를 늦춰 내부에서 팽창할 시간을 벌게 돼요.
- 반죽이 충분히 부풀어 칼집 넣은 자리가 벌어진 후 다시 온도를 높이면 껍질은 얇고 바삭하게, 속은 촉촉하게 익어요.

스팀 주기

굽기 초반에 오븐에 스팀을 함께 주면 반죽 표면이 부드럽게 유지돼 더 크게 부풀 수 있어요. 또한 껍질이 천천히 형성돼 얇고 바삭한 크러스트가 잘 만들어진답니다. 스팀을 주는 방법을 알려드리니 가지고 있는 도구와 환경에 맞게 선택하세요.

방법 ❶ 오븐에 포함된 스팀기능을 사용해요.

방법 ❷ 반죽을 넣고 오븐 내부에 분무기로 물을 뿌려요.

방법 ❸ 오븐팬에 맥반석 자갈 또는 스테인리스 숟가락을 여러 개 담아 오븐 맨 아래칸에 넣어 함께 예열하고, 반죽을 넣을 때 뜨거운 물 150㎖를 오븐팬에 부어요.

방법 ❹ 오븐에 얼음을 2~3조각 넣고 구워요.

식히기

식히는 것까지가 빵 만드는 과정! 식힘망에 올려 1시간 이상 충분히 식혀 빵을 완성하세요.

한 김 식힌 후에 자르기

빵이 나온 후 식히지 않고 자르면 속이 떡지거나 납작하게 눌려요.
꼭 한 김 식힌 후 빵칼로 슬근슬근 썰어야 결이 살아 있는 맛있는 빵을 먹을 수 있답니다.

제대로 식힌 후 자른 빵

덜 식혀 자른 빵

르방이 너무 많다면 이렇게 해결하세요

계획한 것보다 너무 많은 르방을 만들게 됐을 때, 남는 르방을 '디스카드 르방 discarded levain'이라고 불러요.
디스카드 르방을 처리하는 몇 가지 방법을 소개합니다.

요리나 간식에 활용하기

요리나 간식을 만들 때 디스카드 르방을 넣으면 르방의 풍미가 더해져 맛있고 이색적인 메뉴로 재탄생해요(146~159쪽).

익혀서 버리기

오븐팬에 유산지나 테프론시트를 깔고 디스카드 르방을
펼쳐요. 180℃ 오븐에 넣고 15분 구워 종량제 봉투에
버리세요. 접시에 담아 전자레인지에 30초씩 끊어가며 1~2분
돌리거나 팬에 약한 불로 1~2분 익혀도 좋아요.

물에 녹여 버리기

르방을 배수구에 그냥 버리면 배수관이 막힐 수 있어요.
넉넉한 양의 물에 르방을 완전히 풀어 배수구에 흘려
보내세요.

Simple Sourdough

3분 반죽으로
만드는
심플 사워도우

모든 재료를 넣어 섞기까지 단 3분!
3분 동안 반죽해 냉장고에 넣어두기만 하면
바로 구워 빵을 만들 수 있어요.
사워도우 만드는 과정이 어렵게 느껴진다면
3분 반죽 레시피로 만들어보세요. 자기 전
반죽하고 다음 날 일어나 모양 잡아 구우면 끝.
이보다 쉬운 빵 만들기는 없을 거예요.

반죽이 질어도 괜찮아요
단 3분만에 만든 반죽은 일반 빵 반죽에 비해 질게 느껴질 수 있지만, 휴지 시간 동안 자연스럽게 글루텐이 형성돼요.
질다고 밀가루를 더 넣지 마세요. 반죽의 수분감을 유지하는 게 핵심이랍니다. 너무 질어 손 대기 어렵다면 반죽 겉면에
덧가루를 충분히 묻히세요.

식감은 거칠지만, 르방의 풍미와 건강함은 그대로 담겨있어요
오랜 발효 과정을 거치지 않아도 르방의 깊은 향과 은은한 산미를 즐길 수 있어요. 글루텐이 완벽하게 형성되지 않아
결이 부드럽진 않지만, 자연스러운 식감과 고소한 맛이 매력입니다.

예열은 충분히 하세요
오븐의 최고 온도에서 40분~1시간 이상 예열하세요. 높은 온도에서 빠르게 구워야 겉은 바삭하면서도 속은 촉촉한
식감이 살아난답니다.

3분 반죽 캄파뉴

식사 대용으로 담백하게 즐기거나, 샌드위치를 만들 때도
참 잘 어울리는 전통적인 시골빵 '캄파뉴campagne'.
캄파뉴를 만드는 가장 심플한 방법을 소개합니다.
구수한 향과 깊은 풍미를 하룻밤만에 만들 수 있어요.

• 21×15×8 cm 타원형 반느통 1개 분량
• 총 발효 시간 실온 3시간 + 냉장 12~24시간

• 강력분 200g
• 호밀가루 40g(또는 통밀가루)
• 르방 100g
• 물 170g
• 소금 4g

성형 전 덧가루는 충분히 뿌려요

3분 반죽 레시피는 반죽이 꽤 질어요. 성형할 때 키친타월 위에
덧가루를 넉넉하게 뿌려 반죽이 달라붙지 않게 해주세요.

칼집을 넣기 어렵다면 잠시 냉동실에 넣어요

냉장 발효를 마친 반죽은 흐물흐물해서 칼집 넣기가 어려울
수 있어요. 이럴 땐 오븐을 예열하는 동안 반죽을 약 30분간
냉동실에 넣어두면 훨씬 수월하게 칼집을 넣을 수 있답니다.
칼집을 낸 후에는 반죽이 퍼지기 전에 재빨리 오븐에 넣어
구워주세요.

1　볼에 물과 르방을 넣고 잘 푼다.

2　강력분, 호밀가루, 소금을 넣고 주걱으로 골고루 섞는다.

→　반죽이 고르게 섞여 있어야 발효가 잘 되고, 구운 후
빵의 속결도 예쁘게 나온답니다.

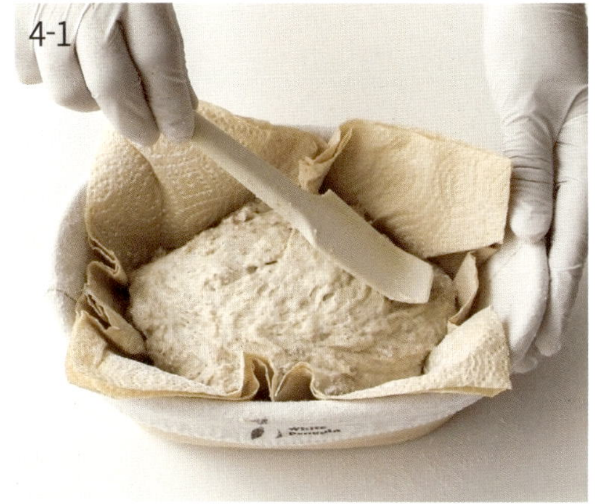

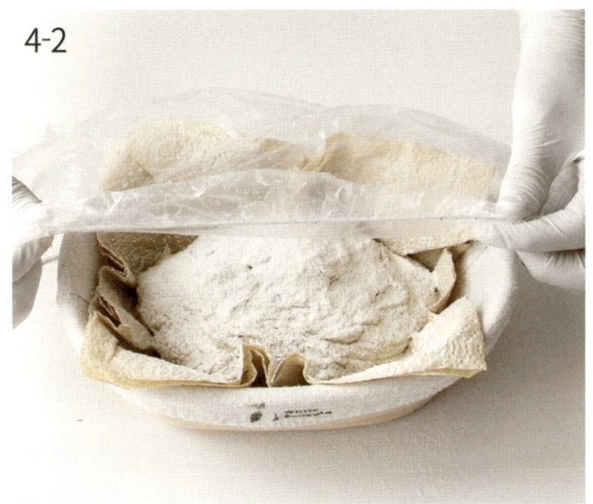

3 반느통에 키친타월 2장 또는 면포를 깔고 덧가루를 충분히
뿌린 후 반죽을 담는다.

→ 반죽이 질어서 면포 위에 키친타월을 한 번 더 깔면 좋아요.

4 윗면을 평평하게 매만지고 덧가루를 뿌린 후 비닐을
덮어 실온(24~26℃)에 3시간 둔다.

→ 실내 온도가 24℃보다 낮으면 그릇에 뜨거운 물을 받아
리빙박스 또는 오븐에 반죽과 함께 넣어두세요.

5 냉장고에 넣고 12~24시간 천천히 발효시킨다.

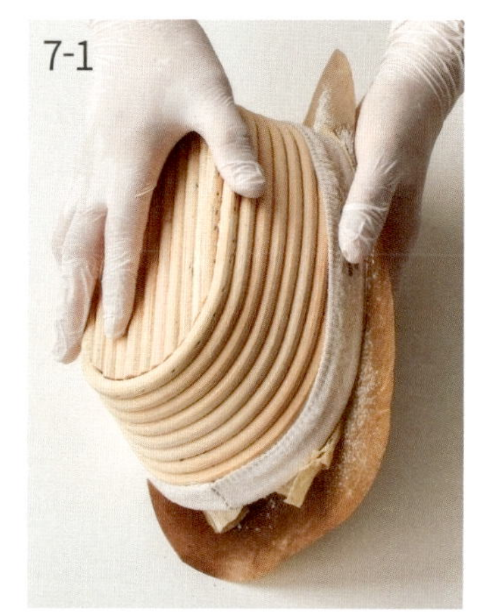

6 숙성이 끝나기 1시간 전 오븐에 더치오븐 또는 무쇠팬을 뚜껑째로 넣고 최고 온도로 예열한다.

→ 직화로 중강 불에서 달구면 20분이면 충분해요.

→ 돌판 등 다른 예열 보조 도구를 사용해도 좋아요.

7 반죽 위에 덧가루를 뿌린 후 테프론시트 위에 반느통을 엎어 반죽을 옮긴다.

8 반죽 윗면에 붙은 키친타월을 떼어내고 덧가루를 뿌린 후 칼날을 45° 각도로 눕혀 1cm 깊이로 칼집(쿠프)을 넣는다.

→ 이때 키친타월의 무늬가 반죽의 겉면에 남을 수도 있어요.

→ 덧가루가 너무 많이 뿌려졌다면 붓으로 여분의 덧가루를 털어내세요.

＊내 오븐 최고 온도에 맞춰 굽는 방법_ 37쪽 참고

9 예열된 더치오븐을 꺼내 반죽을 테프론시트째 올린다.
테프론시트를 살짝 들어 올려 조각 얼음 2개를 놓고
뚜껑을 덮는다.

→ 얼음 대신 맥반석 자갈, 숟가락 등 다른 스팀 도구를
사용해도 좋아요.

10 250℃에서 20분, 뚜껑을 열고 230℃에서 20~25분간
겉이 노릇하고 단단해질 때까지 굽는다.

→ 오븐 최고 온도가 230℃인 경우, 예열 보조 도구를 사용해
1시간 이상 충분히 예열해요. 온도를 낮추지 않고
230℃에서 끝까지 굽되, 색을 보고 굽는 시간을 조절해요.

11 식힘망으로 옮겨 1시간 이상 완전히 식힌다.

3분 반죽 바게트

모양을 잡는 과정 때문에 3분 반죽 레시피 중에서는 조금 어려운
편이지만 샌드위치로 만들어 먹으면 맛이 훌륭하니
꼭 만들어보세요. 반죽이 꽤 질어서 기포가 터지지 않도록
살살 만지며 성형해서 구워야 해요.

- 강력분 300g
- 르방 100g
- 물 235g
- 소금 7g

반죽은 최소한만 터치해요

반죽이 질어서 모양 잡기가 쉽지 않은데, 자꾸 만지다 보면
빵을 맛있게 만들어주는 기포가 터지게 돼요. 스크래퍼를
사용해 최소한의 터치로 빠르게 모양을 잡아주세요.

1 볼에 물과 르방을 넣고 잘 푼다.

2 강력분, 소금을 넣고 주걱으로 날가루가 안 보일 정도로
골고루 섞는다. 뚜껑을 덮어 실온(24~26°C)에 3시간
두었다가 냉장고에 넣고 12~24시간 천천히 발효시킨다.

→ 실내 온도가 24°C보다 낮으면 그릇에 뜨거운 물을 받아
리빙박스 또는 오븐에 반죽과 함께 넣어두세요.

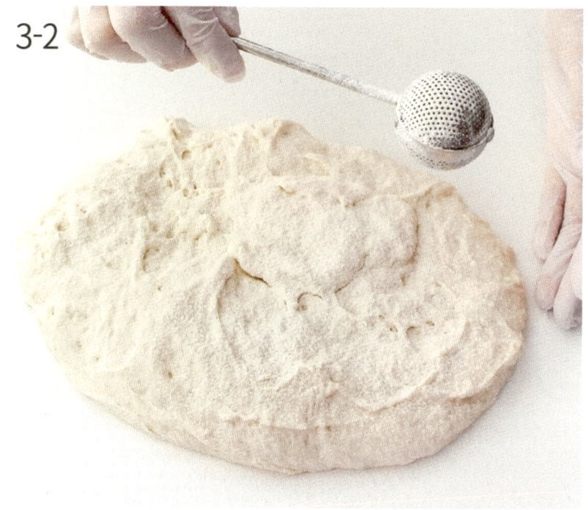

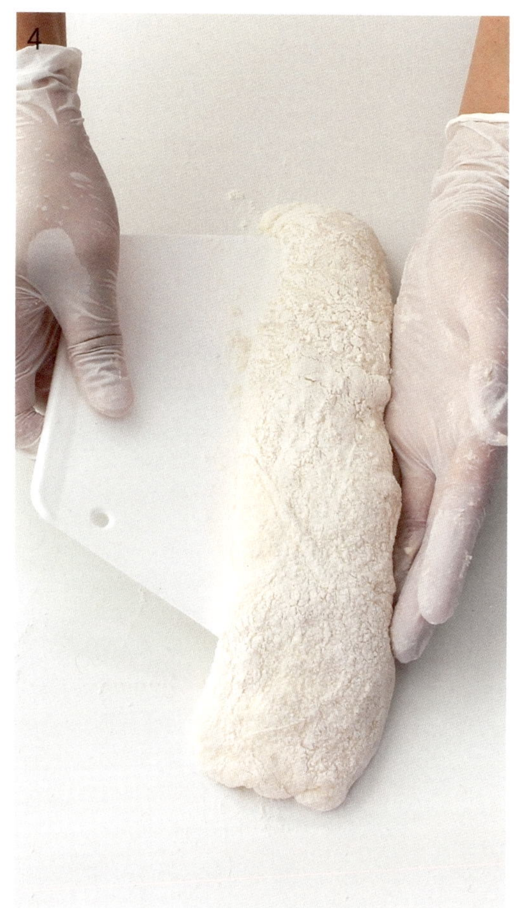

3 작업대에 덧가루를 뿌린다. 스크래퍼를 사용해 반죽의 기공이 꺼지지 않도록 조심스럽게 꺼내 작업대에 올리고 반죽 위에 다시 덧가루를 뿌린다.

4 반죽을 2등분한 후 손으로 살살 만져가며 길쭉한 바게트 모양을 만든다.

→ 반죽이 질어서 작업이 힘들다면 스크래퍼 2개를 양손에 잡고 모양을 만들어요.

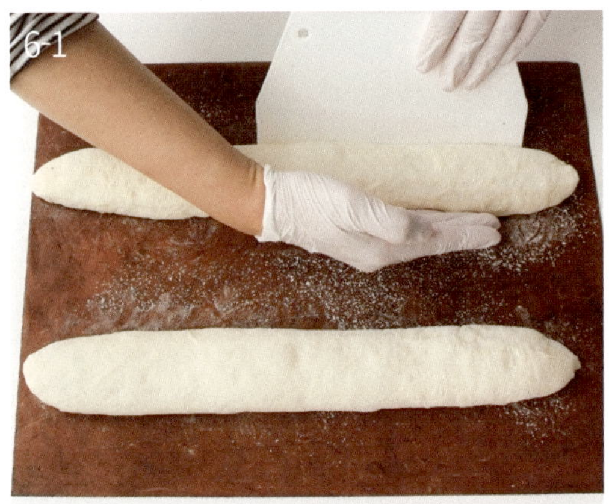

5   작업대에 테프론시트를 올리고 덧가루를 뿌린 후 반죽을
       옮긴다.

6   반죽 모양을 스크래퍼로 곧게 매만진 후 반죽 양옆에
       키친타월 심, 밀대 등을 받쳐 모양을 잡는다. 면포로
       반죽을 덮고 실온에서 1시간~1시간 30분 발효시킨다.

→   테프론시트 대신 면포를 사용해도 좋아요.

→   반죽이 봉긋하게 부풀고 손가락으로 눌렀을 때 천천히
    올라오는 정도면 충분해요.

→   발효를 마치기 40분~1시간 전 오븐에 맥반석 자갈을 넣고
    최고 온도로 예열해요.

✻내 오븐 최고 온도에 맞춰 굽는 방법_ 37쪽 참고

7 칼날을 45° 각도로 눕혀 반죽 윗면에 사선으로
칼집(쿠프)을 4개 넣는다.

→ 질어서 칼집 넣기가 쉽지 않을 수 있어요. 그럴 땐 냉동실에
30분간 넣었다 꺼내면 칼집을 쉽게 넣을 수 있어요.

8 반죽을 오븐에 넣고 달궈진 맥반석 자갈에 끓는 물 50㎖를
붓는다.

→ 바게트는 비교적 길고 가는 형태라 적은 양의 물로
스팀을 줘요.

9 오븐 전원을 끈다. 10~15분 후 반죽이 부풀고 칼집 넣은
부분이 벌어지면 맥반석 자갈을 꺼낸다.

10 오븐을 다시 켜고 230℃에서 5분, 210℃에서 5분간
굽는다. 식힘망으로 옮겨 30분 이상 완전히 식힌다.

3분 반죽 푸가스
& 3분 반죽 피자

✳ 레시피 56쪽

푸가스^{fougasse}는 남부 프랑스의 따뜻한 햇살과 풍요로운 재료에서 영감을 받아
만들어진 빵이에요. 잎사귀처럼 생긴 모양 위에 마늘, 올리브, 해바라기씨, 각종 치즈 등
원하는 재료는 무엇이든 올려 취향에 맞게 만들 수 있어요.
푸가스 반죽을 활용해 만드는 간단 피자 레시피도 함께 알려드릴게요.

＊레시피 60쪽

3분 반죽 푸가스

칼집 넣기 전 오븐팬에 옮겨요

성형 후 반죽을 옮기면 모양이 흐트러지기 쉬우니,
꼭 오븐팬에 올려놓고 칼집을 넣어요.

칼집 넣기 전 반죽 위에 덧가루나 오일을 발라요

덧가루나 올리브오일을 바르고 칼집을 넣으면 반죽이
달라붙지 않아 훨씬 수월하게 작업할 수 있어요.

- 약 20×25 cm 2개 분량
- 총 발효 시간 실온 3시간 + 냉장 12~24시간

- 강력분 200g
- 통밀기루 40g
- 르방 100g
- 물 160g
- 소금 4g
- 엑스트라 버진 올리브오일 약간
- 파마산치즈가루 약간

1 볼에 물과 르방을 넣고 잘 푼다.

2 강력분, 통밀가루, 소금을 넣고 주걱으로 날가루가 안 보일
정도로 골고루 섞는다.

3 윗면을 평평하게 매만진 후 뚜껑을 덮는다.
실온(24~26℃)에 3시간 두었다가 냉장고에 넣고
12~24시간 천천히 발효시킨다.

→ 실내 온도가 24℃보다 낮으면 그릇에 뜨거운 물을 받아
리빙박스 또는 오븐에 반죽과 함께 넣어두세요.

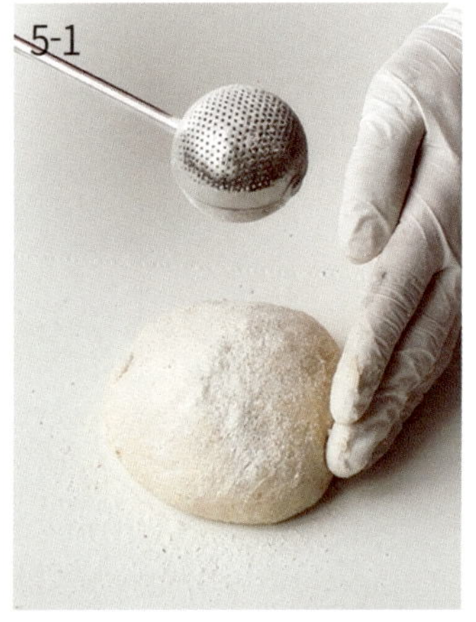

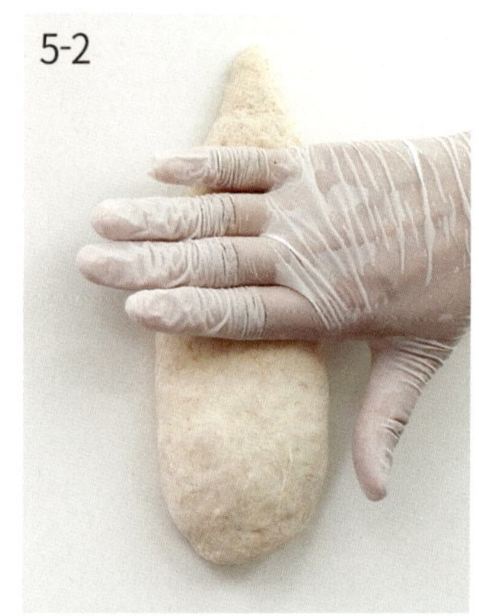

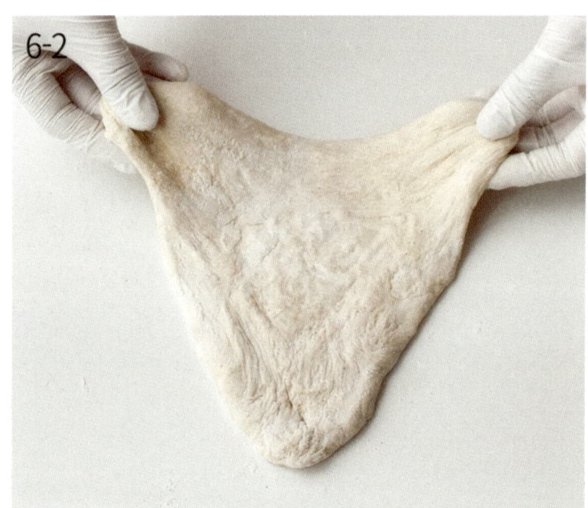

4　작업대에 덧가루를 뿌리고 용기를 엎어 반죽을 쏟는다.

→　오븐은 최고 온도로 예열해요.

5　반죽을 2등분해 둥글리기 한 후 덧가루를 뿌리고 한쪽이
　　뾰족한 물방울 모양이 되도록 성형한다.

6　밀대로 반죽을 밀어 삼각형으로 만든다.

✳ 내 오븐 최고 온도에 맞춰 굽는 방법_ 37쪽 참고

7 반죽을 오븐팬으로 옮긴 후 반죽에 덧가루를 뿌리거나 올리브오일을 바른다. 칼이나 스크래퍼를 사용해 잎맥 모양으로 칼집을 여러 개 넣는다.

8 반죽의 형태를 매만지고, 칼집 사이를 손으로 살짝 벌려 잎맥 모양이 또렷하게 보이도록 정리한다.

9 반죽 위에 올리브오일을 바르고 파마산치즈가루를 골고루 뿌린다.

10 오븐 온도를 230℃로 낮춰 18분간 굽는다. 식힘망으로 옮겨 30분 이상 완전히 식힌다.

3분 반죽 피자

덧가루로 세몰리나를 사용하세요

세몰리나는 반죽이 달라붙지 않게 하고, 구운 후 바닥면이
사 먹는 것처럼 바삭바삭해지도록 도와준답니다.

가장자리에 치즈를 올려 감싸보세요

반죽을 펼칠 때 가장자리까지 얇게 눌러 편 후 스트링치즈나
모짜렐라치즈를 올려 반죽으로 감싸보세요. 가장자리까지
맛있는 치즈 크러스트를 집에서도 쉽게 만들 수 있어요.

- 지름 22cm 원형 2개 분량
- 총 발효 시간 실온 3시간 + 냉장 12~24시간

- 푸가스 반죽 약 500g
  ＊만들기 56쪽
- 세몰리나가루 약간
  (또는 강력분)
- 시판 토마토소스 1/2컵

토핑
- 통조림 올리브, 페퍼로니, 옥수수,
  피자 치즈 등 약간씩

＊내 오븐 최고 온도에 맞춰 굽는 방법_ 37쪽 참고

1 12~24시간 발효를 마친 반죽(57쪽 과정 ①~③)을 냉장고에서 꺼내 20~30분간 실온(24~26℃)에 두고 찬 기운을 뺀다.

→ 오븐은 최고 온도로 예열해요. 예열 보조 도구를 사용하면 화덕 피자 같은 맛을 낼 수 있어요.

2 작업대에 세몰리나가루를 넉넉히 뿌리고 반죽을 올려 2등분한다.

→ 세몰리나가루를 덧가루로 사용하면 도우 바닥이 훨씬 바삭해져요.

3 손끝으로 반죽 가운데부터 바깥으로 살살 눌러 편다.

→ 도톰하고 바삭한 크러스트를 맛보고 싶다면 가장자리는 눌러 펴지 말고 남겨두세요.

4 반죽을 테프론시트에 올린 후 토마토소스를 바르고 토핑 재료를 골고루 얹는다.

→ 피자팬이 있다면 사용해도 좋아요.

5 오븐 온도를 230℃로 낮춰 10분~13분간 도우가 바삭하게 익고, 치즈가 녹으면서 노릇해질 때까지 굽는다.

Chapter 3

Various Sourdough

가장 배우고 싶은
대표적인
사워도우

소화도 잘되고 혈당지수도 낮아
건강빵으로 점점 더 널리 사랑받고 있는
사워도우.
집에서 만들기 좋아 꼭 알아두면 좋을
사워도우 레시피 11가지를 소개합니다.

무반죽 방식으로 조용히, 여유롭게 준비해요
이 책에서는 반죽기를 사용하거나 손으로 오래 치대지 않아도 되는 무반죽 방식의 레시피를 소개합니다.
르방의 자연스러운 발효력과 시간이 반죽을 대신 다듬어주기 때문에, 힘들이지 않아도 풍미 깊은 빵을 만들 수 있어요.

저온에서 천천히 발효해요
반죽은 실온에서 1차 발효를 마친 후 냉장고에서 오랜 시간 발효시켜요. 저온에서 천천히 발효하면 효모와 유산균이
균형 있게 자라나며, 깊은 풍미와 더불어 소화도 편한 빵이 완성돼요.

구울 때 온도와 습도를 잘 유지해요
다이캐스팅팬이나 돌판 등 예열 보조 도구와 맥반석 자갈, 분무기 등 스팀 도구를 사용하면(18쪽) 껍질이 얇고 바삭한
사워도우가 구워져요. 이 밖에도 다양한 도구로 대체할 수 있으니, 꼭 같은 방식이 아니어도 괜찮습니다.
중요한 건 온도와 수분을 적절히 유지하는 거예요.

무화과 사워도우

건무화과를 레드와인에 살짝 조려 풍부한 향과 달콤함을 더한
사워도우 레시피예요. 치즈나 견과류를 곁들여 브런치로
즐기기에도 제격이랍니다.

무화과는 1차 발효 후에 넣어요

무화과는 반죽에 있는 수분을 흡수하거나 반죽을 무겁게
만들어 발효를 방해할 수 있어요. 안정적인 발효를 위해
무화과는 1차 발효 후에 반죽에 섞는 것이 좋습니다.

- 지름 20cm 원형 반느통 1개 분량
- 총 발효 시간 1차 4~6시간 + 2차 13~25시간

- 강력분 200g
- 통밀가루 50g
- 소금 5g
- 르방 75g
- 물 160g
- 꿀 2g
- 건무화과 50g
- 레드와인 50g

1 냄비에 건무화과, 와인을 넣고 약한 불에서 5~7분간
조린다. 체에 밭쳐 물기를 뺀 후 9등분한다.

→ 건무화과에 단맛이 부족하다면 꿀을 1큰술 넣고 조려요.

2 볼에 르방, 물, 꿀을 넣고 푼 후 강력분, 통밀가루를 넣고
날가루가 안 보일 정도로 섞는다.

→ 물을 5~10% 남겨두었다가 소금을 섞을 때 함께 넣어요.

3 뚜껑을 덮고 실온(24~26℃)에 1시간 둔다.

→ 실내 온도가 24℃보다 낮으면 그릇에 뜨거운 물을 담아
리빙박스 또는 오븐에 반죽과 함께 넣어두세요.
과정 ④, ⑥, ⑧, ⑨, ⑳에서도 참고하세요.

4 소금, 남은 물을 넣고 손으로 반죽을 살살 주물러가며
골고루 섞은 후 뚜껑을 덮어 실온에서 30분간 휴지시킨다.

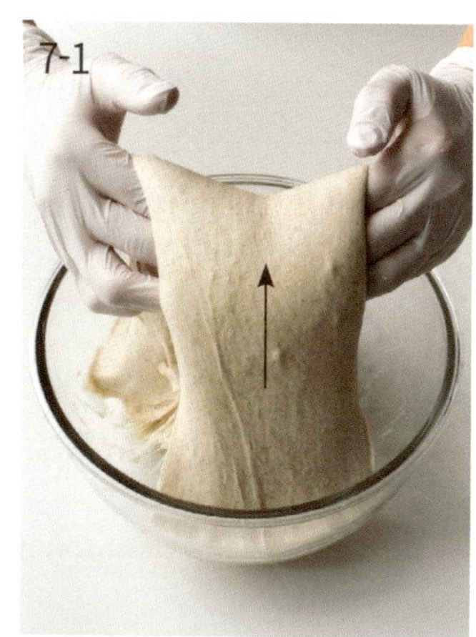

5   반죽의 한 귀퉁이를 들어 올려 접는다.

6   볼을 동서남북 방향으로 돌려가며 사방을 모두 접고
40분간 뚜껑을 덮고 실온에 둔다.
＊늘여 접기(31쪽)

7   반죽을 양손으로 들어올려 반죽의 양끝을 안으로 접어
넣는다. 볼을 동서남북 방향으로 돌려가며 사방을 모두
접어 넣는다.
＊말아 접기(31쪽)

8   40분간 뚜껑을 덮어 실온에 둔다.

9   반죽이 늘어지지 않고 탄력이 생길 때까지 ⑦, ⑧을
1~4번 반복한다. 반죽이 탄탄해지면 뚜껑을 덮어
1.5~1.7배 크기로 부풀 때까지 4~6시간 실온에 둔다.

10 반죽에 덧가루를 살짝 뿌리고 스크래퍼로 볼과 밀착된
부분을 떼어낸다.

11 작업대에 반죽을 엎은 후 다시 위에 덧가루를 뿌리고
양손으로 반죽을 넓게 펼친다.

12 반죽 위에 ①의 건무화과를 골고루 올리고 반죽을
왼쪽에서 가운데로 접는다.

13 반죽을 오른쪽에서 반대편으로 겹쳐 접는다.

14 반죽의 끝을 모아 위에서부터 아래로 탄탄하게 만 후
표면이 매끈해지도록 양손으로 둥글린다.

15 볼을 뒤집어 덮은 후 20분간 휴지시킨다.

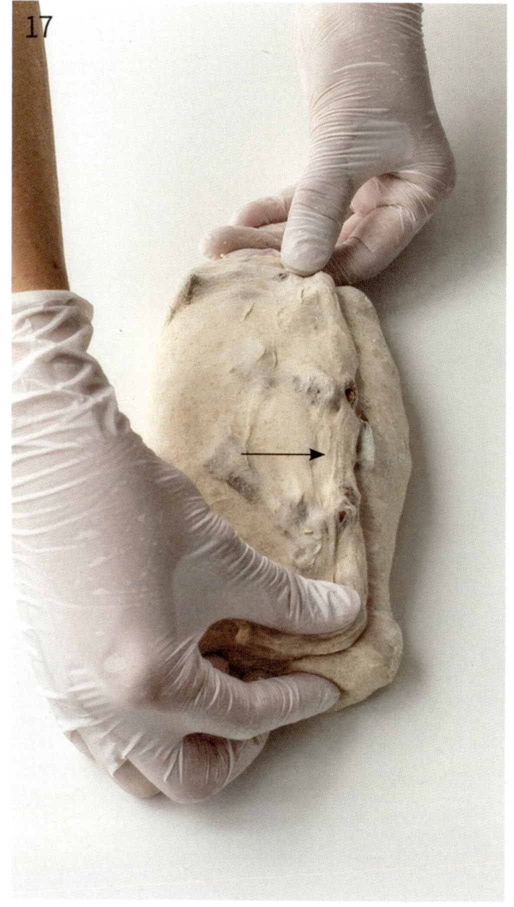

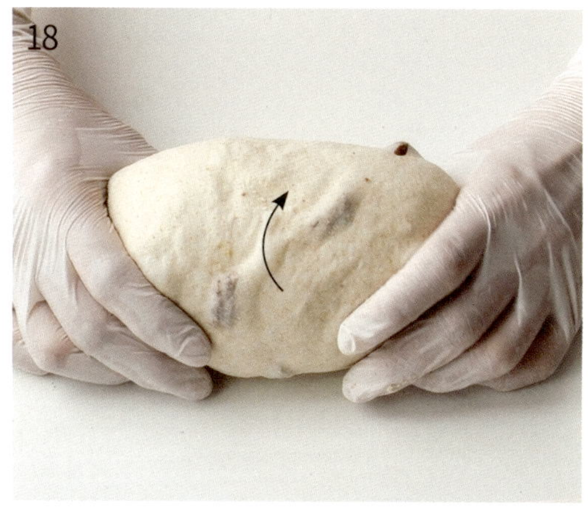

16 반죽 위에 덧가루를 뿌리고 반죽을 손으로 조금씩 늘려 직사각형으로 만든다. 손으로 반죽을 살살 두드려 평평하게 높이를 맞춘다.

17 반죽을 왼쪽에서 가운데 방향으로 접은 후 오른쪽에서 반대편으로 겹쳐 접는다(과정 ⑫, ⑬ 참고).

18 반죽의 끝을 모아 위에서 아래로 둥글게 말고 반죽 이음매를 꼬집어 붙인다.

19 반느통에 덧가루를 뿌리고, 둥글게 만 반죽의 이음매가
위로 가도록 반느통에 담는다.

→ 빵 표면에 반느통의 나선 무늬를 뚜렷하게 남기고 싶다면
반느통에 반죽을 바로 담고, 사용 후 반느통 청소를 쉽게
하려면 장독 메시커버나 면포를 활용해요.

20 이음매를 한 번 더 꼬집어 붙인 후 윗면에 덧가루를 뿌리고
비닐을 덮는다. 1시간 실온에 두었다가 냉장고에서
12~24시간 숙성시킨다.

→ 숙성이 끝나기 1시간 전, 오븐에 돌판과 맥반석 자갈을
넣고 최고 온도로 예열을 시작해요. 돌판, 맥반석 자갈이
없다면 열기 유지와 스팀 기능을 할 수 있는 다른
보조 도구를 준비하세요(18쪽).

＊내 오븐 최고 온도에 맞춰 굽는 방법_ 37쪽 참고

21 반죽 위에 덧가루를 뿌린 후 테프론시트 위에 반느통을
　　 엎어 반죽을 옮긴다.

→ 발효가 덜 되었다면 실온에 1~2시간 더 두어 추가로
　 발효시켜요.

22 반죽 윗면에 덧가루를 뿌린다.

→ 너무 많이 뿌려졌다면 붓으로 여분의 덧가루를 털어내요.

23 칼날을 45° 각도로 눕혀 1cm 깊이로 열십자(十) 모양의
　　 칼집(쿠프)을 넣는다.

24 반죽을 올린 테프론시트를 오븐에 넣고 끓는 물 150㎖를
　　 달궈진 맥반석 자갈에 붓는다.

→ 이때 수증기에 화상을 입지 않도록 주의하세요.

25 오븐 전원을 끈다. 10~15분 후 반죽이 부풀고 칼집 넣은
　　 부분이 벌어지면 맥반석 자갈을 꺼낸다.

26 오븐을 다시 켜고 230℃로 5분, 210℃로 10분간 굽는다.
　　 완성 후 바로 식힘망으로 옮겨 1시간 이상 완전히 식힌다.

호두 크랜베리 사워도우

아삭하고 고소한 호두, 새콤달콤한 크랜베리가 가득해
먹는 내내 지루할 틈이 없는 사워도우예요.
따뜻한 홍차나 커피, 치즈와 찰떡궁합처럼 잘 어울려요.

부재료 전처리는 필수예요

크랜베리는 반죽이 질어지거나 늘어지게 만들 수 있으니
물에 담갔다가 체에 밭쳐 물기를 충분히 제거해야 해요.
호두는 한 번 데쳐 불순물을 제거한 후 저온에서 구워 넣으세요.

크랜베리와 호두는 1차 발효 후에 넣어요

처음부터 반죽에 섞으면 반죽을 접고 치대는 과정에서 크랜베리와
호두가 으깨지거나 한데 뭉치기 쉬워요. 1차 발효가 끝난 뒤
넣으면 반죽의 글루텐이 안정된 상태여서 재료가 고르게 퍼지고,
더 깔끔한 식감과 모양으로 완성돼요.

- 26×15×7cm 타원형 반느통 1개 분량
- 총 발효 시간 1차 4~6시간 + 2차 13~25시간

- 강력분 200g
- 호밀가루 50g(또는 통밀가루)
- 소금 6g
- 르방 100g
- 물 170g
- 건크랜베리 40g
- 호두 50g(또는 피칸, 해바라기씨 등)

1 건크랜베리는 따뜻한 물에 담가 조물조물 씻은 후 물기를
제거한다.

2 호두는 끓는 물에 1~2분 데쳐 불순물을 씻어낸 후 130℃로
예열한 오븐에 20~30분간 구워 식혀둔다.

3 볼에 물과 르방을 넣고 푼 후 강력분, 호밀가루를 넣고
날가루가 안 보일 정도로 섞는다.

→ 물을 5~10% 남겨두었다가 소금을 섞을 때 함께 넣어요.

4 뚜껑을 덮고 실온(24~26℃)에 1시간 둔다.

→ 실내 온도가 24℃보다 낮으면 그릇에 뜨거운 물을 담아
리빙박스 또는 오븐에 반죽과 함께 넣어두세요.
과정 ⑤, ⑦, ⑨, ⑩, ㉑에서도 참고하세요.

5 소금, 남은 물을 넣고 손으로 반죽을 살살 주물러가며
골고루 섞은 후 뚜껑을 덮어 실온에서 30분간 휴지시킨다.

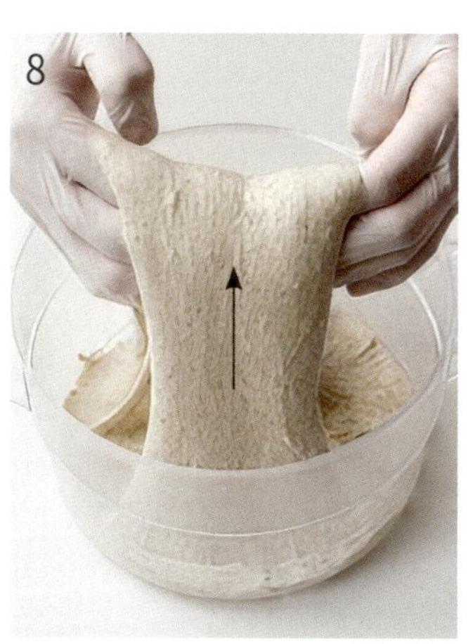
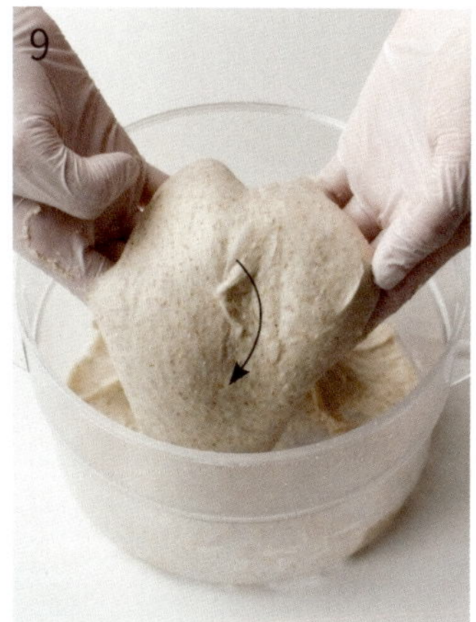

6 반죽의 한 귀퉁이를 들어 올려 접는다.

7 볼을 동서남북 방향으로 돌려가며 사방을 모두 접고
40분간 뚜껑을 덮고 실온에 둔다.
＊늘여 접기(31쪽)

8 반죽을 양손으로 들어올려 반죽의 양끝을 안으로 접어
넣는다.

9 볼을 동서남북 방향으로 돌려가며 사방을 모두 접어 넣고
40분간 뚜껑을 덮어 실온에 둔다.
＊말아 접기(31쪽)

10 반죽이 늘어지지 않고 탄력이 생길 때까지 ⑧, ⑨를
1~4번 반복한다. 반죽이 탄탄해지면 뚜껑을 덮어
1.5~1.7배 크기로 부풀 때까지 4~6시간 실온에 둔다.

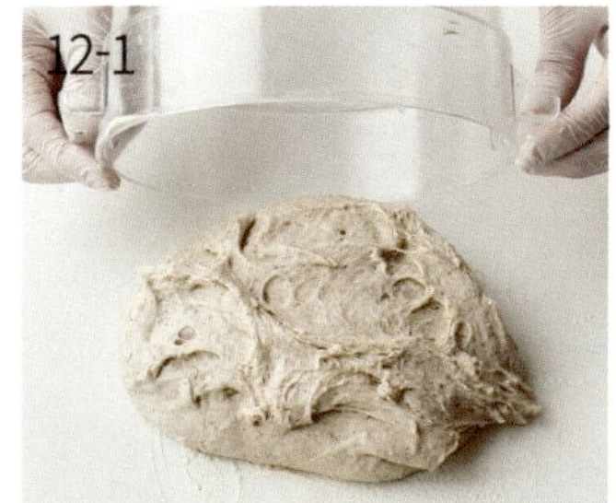

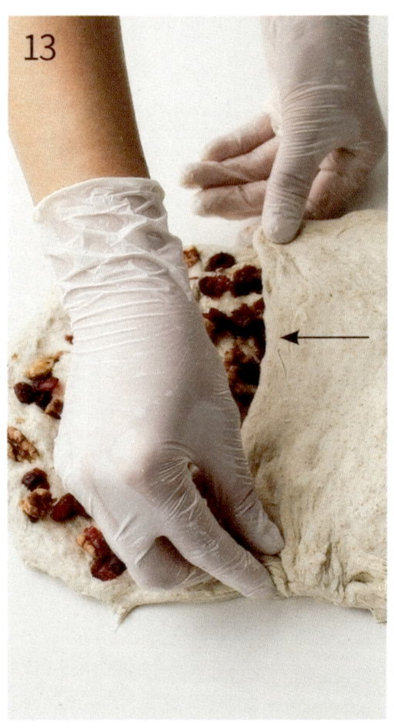

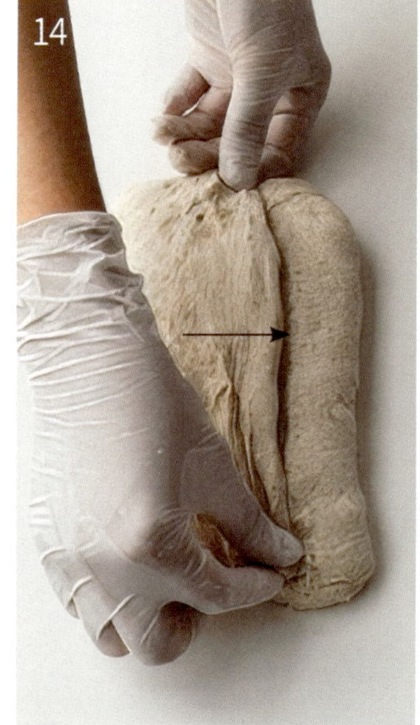

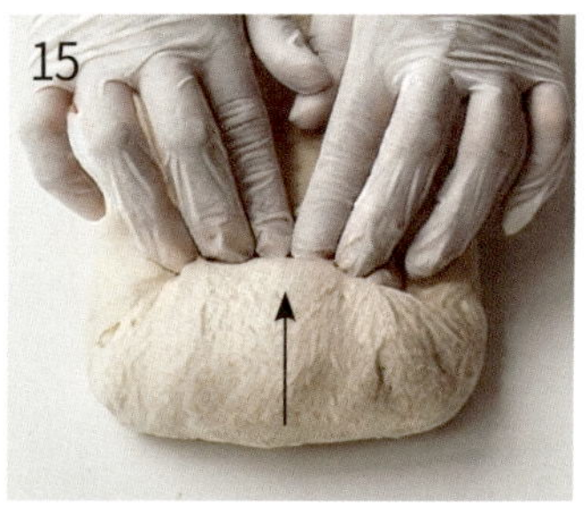

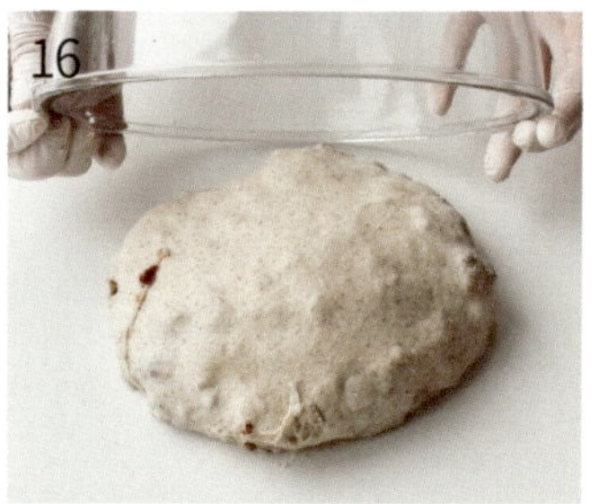

11 반죽에 덧가루를 살짝 뿌리고 스크래퍼로 볼과 밀착된 부분을 떼어낸다.

12 작업대에 반죽을 엎은 후 다시 위에 덧가루를 뿌리고 양손으로 반죽을 넓게 펼친다.

13 반죽 위에 ①의 크랜베리, ②의 호두를 골고루 올리고 반죽을 왼쪽에서 가운데로 접는다.

14 반죽을 오른쪽에서 반대편으로 겹쳐 접는다.

15 반죽의 끝을 모아 위에서부터 아래로 탄탄하게 만 후 표면이 매끈해지도록 양손으로 둥글린다.

16 볼을 뒤집어 덮은 후 20분간 휴지시킨다.

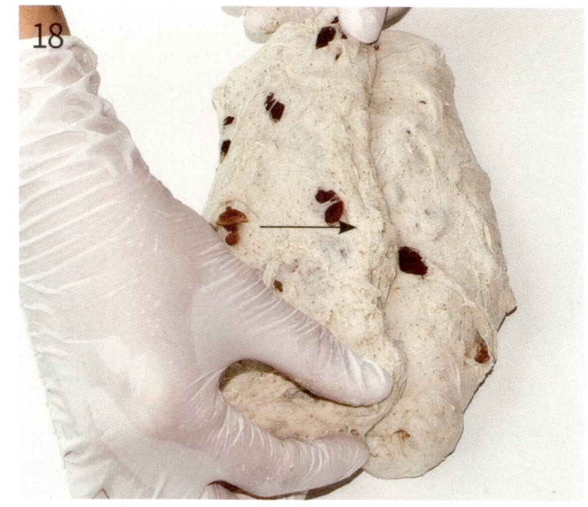

17 반죽 위에 덧가루를 뿌리고 반죽을 손으로 조금씩 늘려 직사각형으로 만든다. 손으로 반죽을 살살 두드려 평평하게 높이를 맞춘다.

18 반죽을 왼쪽에서 가운데 방향으로 접은 후 오른쪽에서 반대편으로 겹쳐 접는다(과정 ⑬, ⑭ 참고).

19 반죽의 끝을 모아 위에서 아래로 둥글게 말고 반죽 이음매를 꼬집어 붙인다.

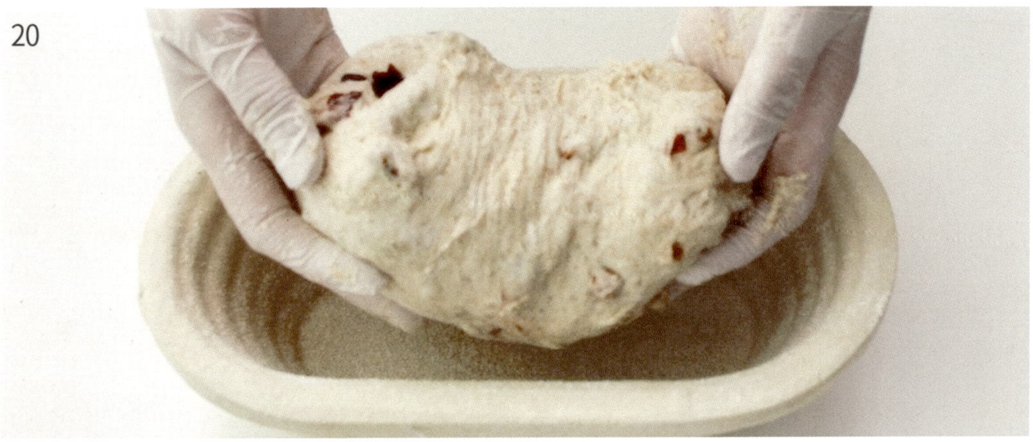

20 반느통에 덧가루를 뿌리고, 둥글게 만 반죽의 이음매가
위로 가도록 반느통에 담는다.

→ 빵 표면에 반느통의 나선 무늬를 뚜렷하게 남기고 싶다면
반느통에 반죽을 바로 담고, 사용 후 반느통 청소를 쉽게
하려면 장독 메시커버나 면포를 활용해요.

21 이음매를 한 번 더 꼬집어 붙인 후 윗면에 덧가루를 뿌리고
비닐을 덮는다. 1시간 실온에 두었다가 냉장고에서
12~24시간 숙성시킨다.

→ 숙성이 끝나기 1시간 전, 오븐에 돌판과 맥반석 자갈을
넣고 최고 온도로 예열을 시작해요. 돌판, 맥반석 자갈이
없다면 열기 유지와 스팀 기능을 할 수 있는 다른
보조 도구를 준비하세요(18쪽).

✳ 내 오븐 최고 온도에 맞춰 굽는 방법_ 37쪽 참고

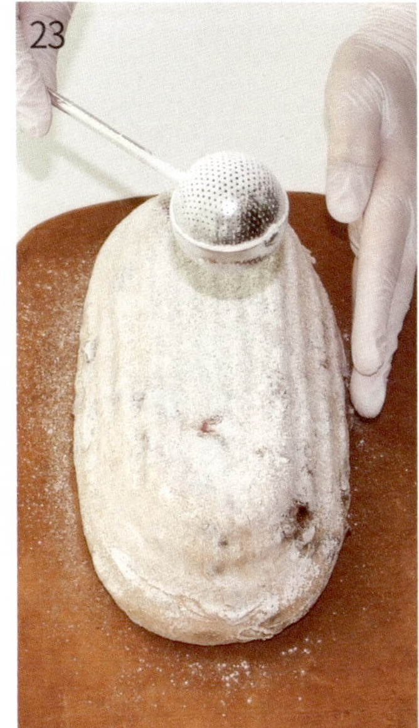

22 반죽 위에 덧가루를 뿌린 후 테프론시트 위에 반느통을
　　 엎어 반죽을 옮긴다.

→ 발효가 덜 되었다면 실온에 1~2시간 더 두어 추가로
　　 발효시켜요.

23 반죽 윗면에 덧가루를 뿌린다.

→ 너무 많이 뿌려졌다면 붓으로 여분의 덧가루를 털어내요.

24 칼날을 90° 각도로 세워 1cm 깊이로 칼집(쿠프)을 넣는다.

25 반죽을 올린 테프론시트를 오븐에 넣고 끓는 물 150㎖를
　　 달궈진 맥반석 자갈에 붓는다.

→ 이때 수증기에 화상을 입지 않도록 주의하세요.

26 오븐 전원을 끈다. 10~15분 후 반죽이 부풀고 칼집 넣은
　　 부분이 벌어지면 맥반석 자갈을 꺼낸다.

27 오븐을 다시 켜고 230℃에서 5분, 210℃에서 10분간
　　 굽는다. 완성 후 바로 식힘망으로 옮겨 1시간 이상 완전히
　　 식힌다.

올리브 체다치즈 사워도우

사워도우 특유의 깊고 고소한 풍미에 체다치즈의 진한 맛과
올리브의 감칠맛을 더했어요. 한 조각만으로도 충분히 만족스러운
한 끼를 완성할 수 있답니다.

- 강력분 256g
- 통밀가루 36g
- 소금 5g
- 르방 56g
- 물 208g
- 버터 16g(실온에 두어 말랑한 것)
- 통조림 블랙올리브 30g
- 슬라이스 체다치즈 36g
  (2장, 또는 슈레드 체다치즈)

부재료 전처리는 필수예요

올리브는 수분이 많아 반죽이 질어지거나 늘어지게 만들 수
있으니 체에 밭쳐 물기를 충분히 제거해야 하고,
치즈는 너무 차갑지 않은 상태로 준비해야 반죽 온도를
떨어뜨리지 않아요.

올리브와 체다치즈는 1차 발효 후에 넣어요

처음부터 반죽에 섞으면 반죽을 접고 치대는 과정에서 올리브와
치즈가 으깨지거나 한데 뭉치기 쉬워요. 1차 발효가 끝난 뒤
넣으면 반죽의 글루텐이 안정된 상태여서 재료가 고르게 퍼지고,
더 깔끔한 식감과 모양으로 완성돼요.

1   올리브는 체에 밭쳐 물기를 뺀다. 체다치즈는 1cm 크기로 썬다.

2   볼에 물과 르방을 넣고 푼 후 강력분, 통밀가루를 넣고 날가루가 안 보일 정도로 섞는다.

→   물을 5~10% 남겨두었다가 소금을 섞을 때 함께 넣어요.

3   뚜껑을 덮고 실온(24~26℃)에 1시간 둔다.

→   실내 온도가 24℃보다 낮으면 그릇에 뜨거운 물을 담아 리빙박스 또는 오븐에 반죽과 함께 넣어두세요. 과정 ④, ⑥, ⑧, ⑨, ⑳에서도 참고하세요.

4   소금, 버터, 남은 물을 넣고 손으로 반죽을 살살 주물러가며 골고루 섞은 후 뚜껑을 덮어 실온에서 30분간 휴지시킨다.

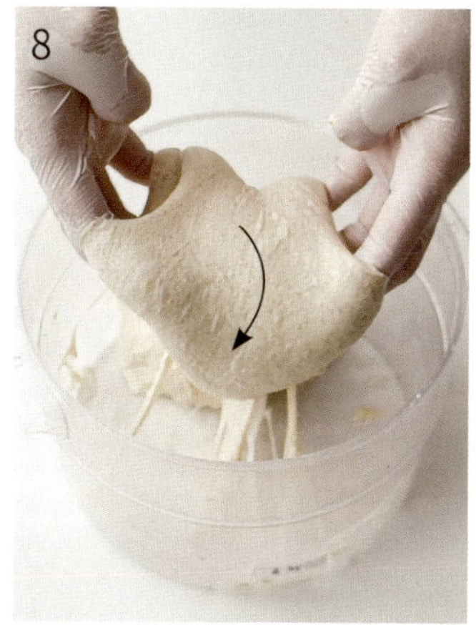

5 반죽의 한 귀퉁이를 들어 올려 접는다.

6 볼을 동서남북 방향으로 돌려가며 사방을 모두 접어 넣고
40분간 뚜껑을 덮고 실온에 둔다.
  * 늘여 접기(31쪽)

7 반죽을 양손으로 들어올려 반죽의 양끝을 안으로 접어
넣는다.

8 볼을 동서남북 방향으로 돌려가며 사방을 모두 접어 넣고
40분간 뚜껑을 덮어 실온에 둔다.
  * 말아 접기(31쪽)

9 반죽이 늘어지지 않고 탄력이 생길 때까지 ⑦, ⑧을
1~4번 반복한다. 반죽이 탄탄해지면 뚜껑을 덮어
1.5~1.7배 크기로 부풀 때까지 4~6시간 실온에 둔다.

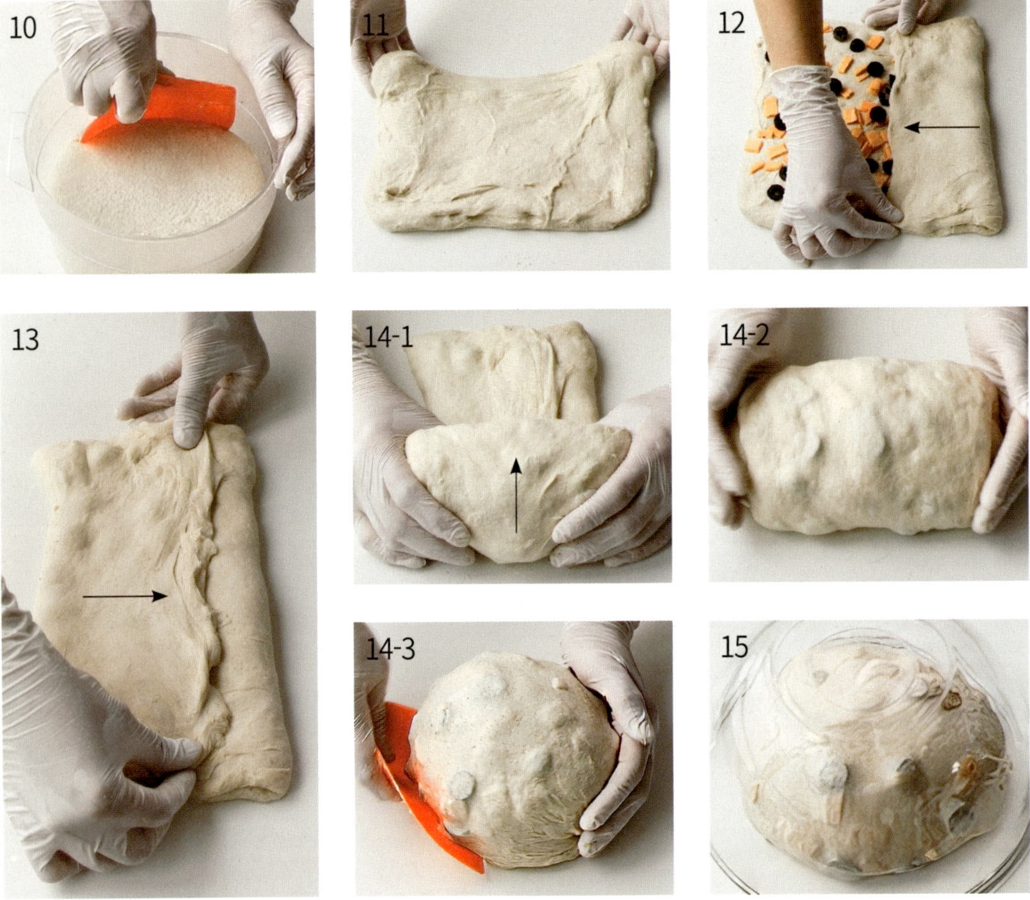

10 반죽에 덧가루를 살짝 뿌리고 스크래퍼로 볼과 밀착된 부분을 떼어낸다.	**13** 반죽을 오른쪽에서 반대편으로 겹쳐 접는다.
11 작업대에 반죽을 엎은 후 다시 위에 덧가루를 뿌리고 양손으로 반죽을 넓게 펼친다.	**14** 반죽의 끝을 모아 위에서부터 아래로 탄탄하게 만 후 표면이 매끈해지도록 양손으로 둥글린다.
12 반죽 위에 ①의 올리브와 체다치즈를 골고루 올리고 반죽을 왼쪽에서 가운데로 접는다.	**15** 볼을 뒤집어 덮은 후 20분간 휴지시킨다.

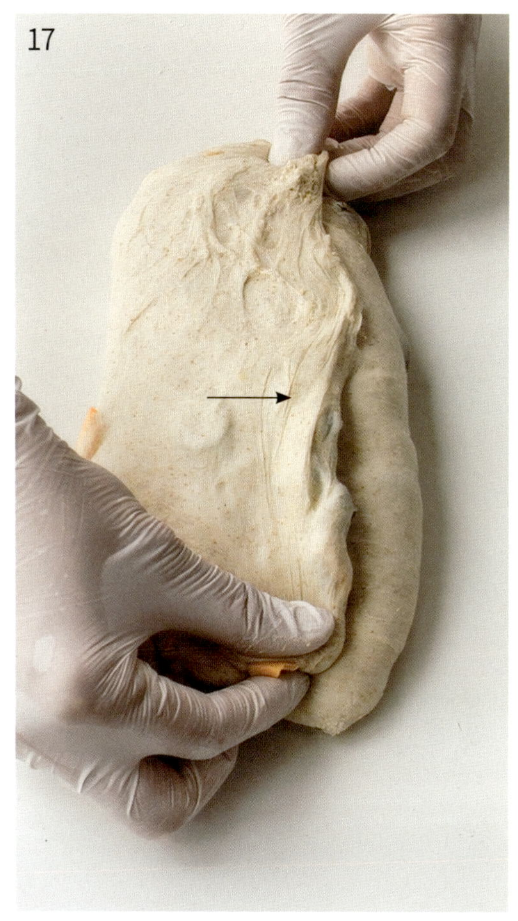

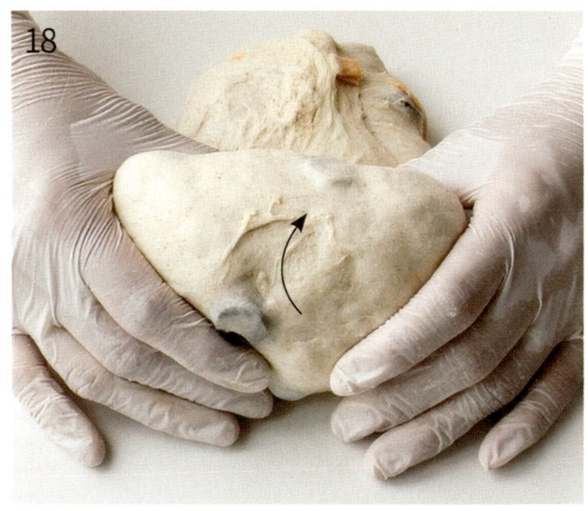

16 휴지한 반죽 위에 덧가루를 뿌리고 반죽을 손으로 조금씩 늘려 직사각형으로 만든다. 손으로 반죽을 살살 두드려 평평하게 높이를 맞춘다.

17 반죽을 왼쪽에서 가운데 방향으로 접은 후 오른쪽에서 반대편으로 겹쳐 접는다(과정 ⑫, ⑬ 참고).

18 반죽의 끝을 모아 위에서 아래로 둥글게 말고 반죽 이음매를 꼬집어 붙인다.

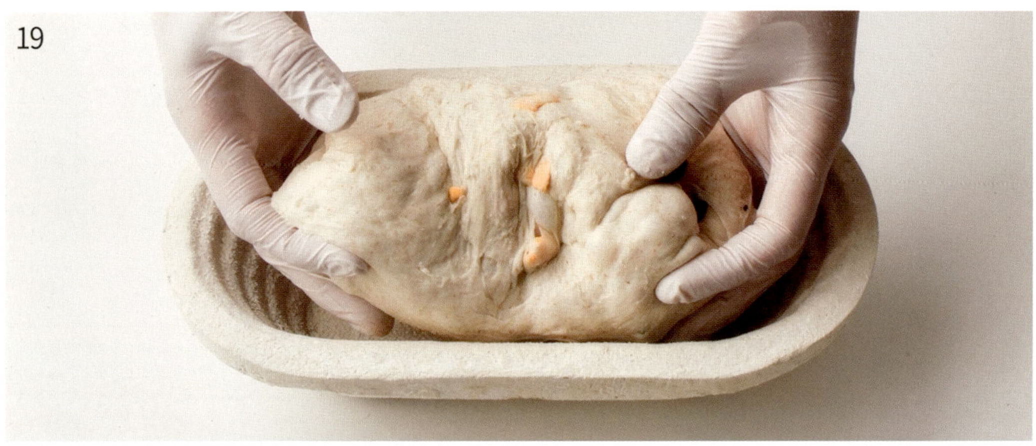

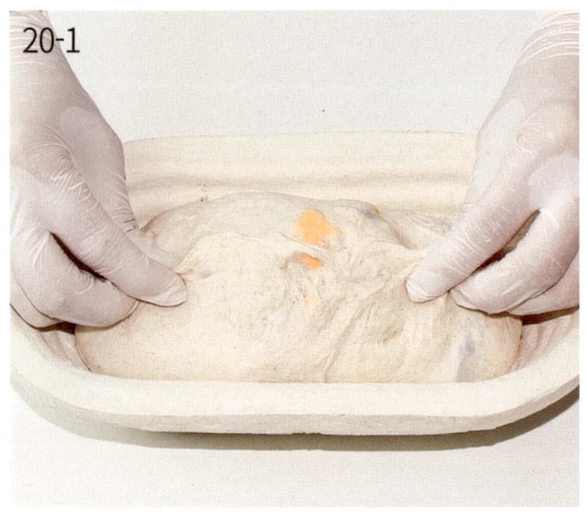

19 반느통에 덧가루를 뿌리고, 둥글게 만 반죽의 이음매가
위로 가도록 반느통에 담는다.

→ 빵 표면에 반느통의 나선 무늬를 뚜렷하게 남기고 싶다면
반느통에 반죽을 바로 담고, 사용 후 반느통 청소를 쉽게
하려면 장독 메시커버나 면포를 활용해요.

20 이음매를 한 번 더 꼬집어 붙인 후 윗면에 덧가루를 뿌리고
비닐을 덮는다. 1시간 실온에 두었다가 냉장고에서
12~24시간 숙성시킨다.

→ 숙성이 끝나기 1시간 전, 오븐에 돌판과 맥반석 자갈을
넣고 최고 온도로 예열을 시작해요. 돌판, 맥반석 자갈이
없다면 열기 유지와 스팀 기능을 할 수 있는 다른
보조 도구를 준비하세요(18쪽).

＊내 오븐 최고 온도에 맞춰 굽는 방법_ 37쪽 참고

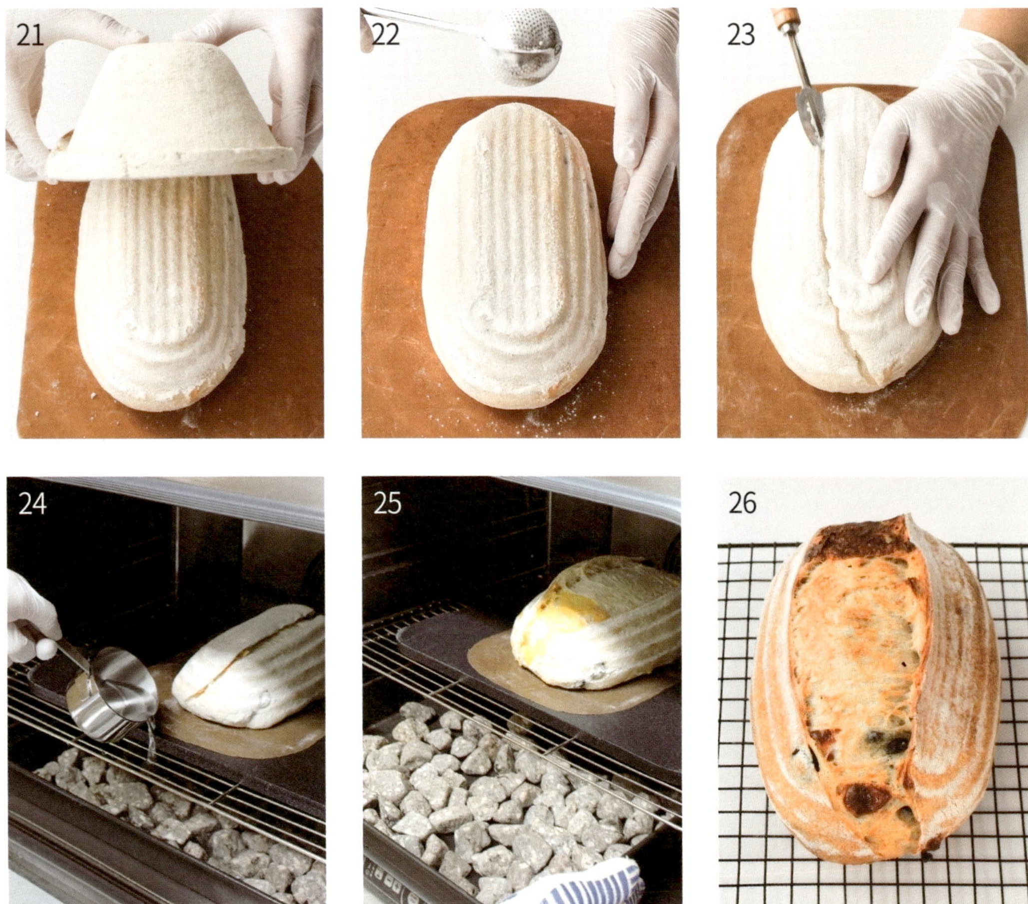

21 반죽 위에 덧가루를 뿌린 후 테프론시트 위에 반느통을
엎어 반죽을 옮긴다.

→ 발효가 덜 되었다면 실온에 1~2시간 더 두어 추가로
발효시켜요.

22 반죽 윗면에 덧가루를 뿌린다.

→ 너무 많이 뿌려졌다면 붓으로 여분의 덧가루를 털어내요.

23 칼날을 45° 각도로 눕혀 1cm 깊이로 칼집(쿠프)을 넣는다.

24 빈죽을 올린 테프론시트를 오븐에 넣고 끓는 물 150㎖를
달궈진 맥반석 자갈에 붓는다.

→ 이때 수증기에 화상을 입지 않도록 주의하세요.

25 오븐 전원을 끈다. 10~15분 후 반죽이 부풀고 칼집 넣은
부분이 벌어지면 맥반석 자갈을 꺼낸다.

26 오븐을 다시 켜고 230℃에서 5분, 210℃에서 10분간
굽는다. 완성 후 바로 식힘망으로 옮겨 1시간 이상 완전히
식힌다.

단호박 사워도우

부드럽게 구운 단호박을 넣어 속은 촉촉하고 달콤해요.
은은한 단맛과 쫀쫀한 식감, 거기에 고소한 호박씨로 씹는 재미까지
더해 간식 빵이나 브런치용으로도 딱 좋아요. 담백한 빵이 지루하게
느껴질 때 이 빵 하나면 입맛이 확 살아난답니다.

단호박은 구워서 사용해요

삶거나 찐 단호박은 수분이 많아 반죽이 질어지기 쉽지만,
구운 단호박은 수분감이 적당해 반죽이 안정적으로 유지돼요.
구워지면서 단맛도 더 강해진답니다.

구운 단호박은 1차 발효 후에 넣어요

처음부터 반죽에 섞으면 반죽을 접고 치대는 과정에서 단호박이
으깨지거나 한데 뭉치기 쉬워요. 1차 발효가 끝난 뒤 넣으면
반죽의 글루텐이 안정된 상태여서 재료가 고르게 퍼지고,
더 깔끔한 식감과 모양으로 완성돼요.

- 26×15×7cm 타원형 반느통 1개 분량
- 총 발효 시간 1차 4~6시간 + 2차 13~25시간

- 강력분 220g
- 통밀가루 30g
- 단호박가루 15g(생략 가능)
- 소금 6g
- 식용유 11g
- 르방 75g
- 물 240g
- 단호박 1/4개
- 볶은 호박씨 30g

1 단호박은 껍질과 씨를 제거하고 180℃로 예열한 오븐에서 15~18분간 구운 후 사방 0.8cm 크기로 썬다.

→ 단호박은 너무 무르지 않게 익혀야 완성 후에도 형태가 유지돼요.

2 볼에 물과 르방을 넣고 푼 후 강력분, 통밀가루, 단호박가루를 넣고 날가루가 안 보일 정도로 섞는다.

→ 물을 5~10% 남겨두었다가 소금을 섞을 때 함께 넣어요.

3 뚜껑을 덮고 실온(24~26℃)에 1시간 둔다.

→ 실내 온도가 24℃보다 낮으면 그릇에 뜨거운 물을 담아 리빙박스 또는 오븐에 반죽과 함께 넣어두세요. 과정 ④, ⑥, ⑧, ⑨, ⑲에서도 참고하세요.

4 소금, 식용유, 남은 물을 넣고 손손으로 반죽을 살살 주물러가며 골고루 섞은 후 뚜껑을 덮어 실온에서 30분간 휴지시킨다.

→ 단호박이 반죽을 뻣뻣하게 할 수 있어 식용유를 섞어요.

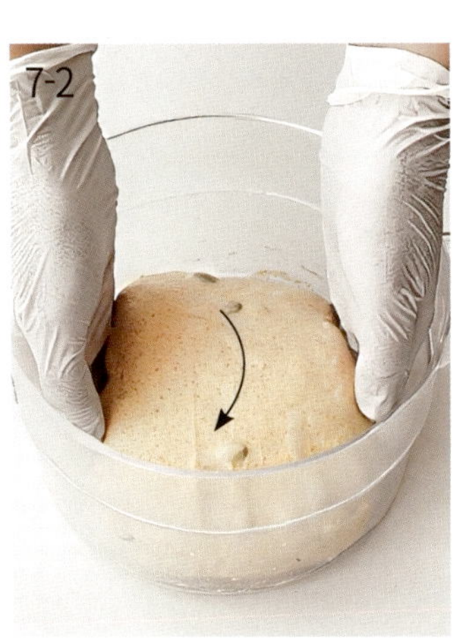

5 반죽 위에 호박씨를 올리고 반죽의 한 귀퉁이를 들어 올려 접는다.

6 볼을 동서남북 방향으로 돌려가며 사방을 모두 접고 40분간 뚜껑을 덮고 실온에 둔다.
  * 늘여 접기(31쪽)

7 반죽을 양손으로 들어올려 반죽의 양끝을 안으로 접어 넣는다.

8 볼을 동서남북 방향으로 돌려가며 사방을 모두 접어 넣고 40분간 뚜껑을 덮어 실온에 둔다.
  * 말아 접기(31쪽)

9 반죽이 늘어지지 않고 탄력이 생길 때까지 ⑦, ⑧을 1~4번 반복한다. 반죽이 탄탄해지면 뚜껑을 덮어 1.5~1.7배 크기로 부풀 때까지 4~6시간 실온에 둔다.

  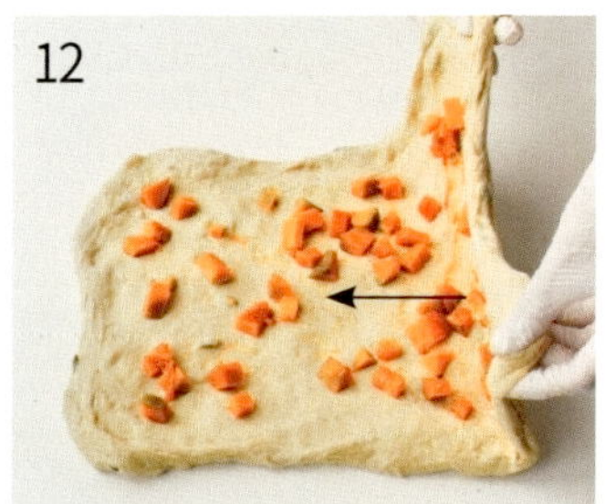

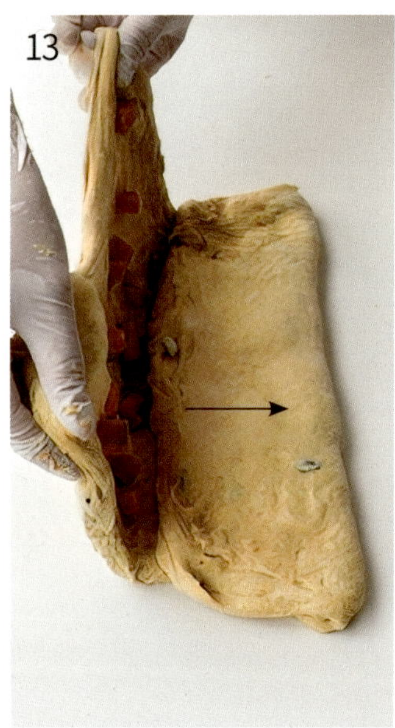 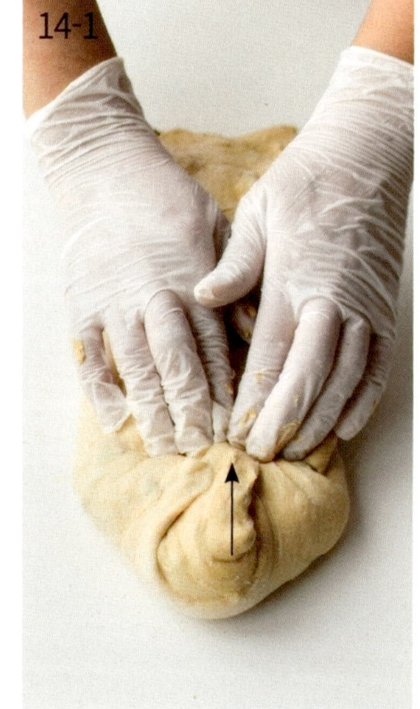 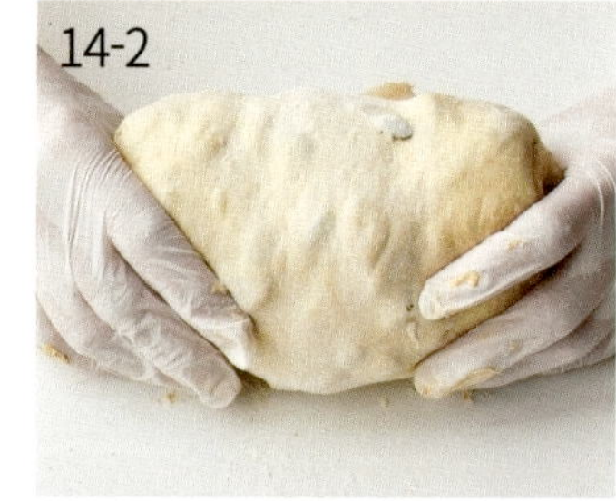

10 반죽에 덧가루를 살짝 뿌리고 스크래퍼로 볼과 밀착된 부분을 떼어낸다.

11 작업대에 반죽을 엎은 후 다시 위에 덧가루를 뿌리고 양손으로 반죽을 넓게 펼친다.

12 반죽 위에 단호박을 올리고 반죽을 왼쪽에서 가운데로 접는다.

13 반죽을 오른쪽에서 반대편으로 겹쳐 접는다.

14 반죽의 끝을 모아 위에서부터 아래로 탄탄하게 만 후 표면이 매끈해지도록 양손으로 둥글린다.

15 볼을 뒤집어 덮은 후 20분간 휴지시킨다.

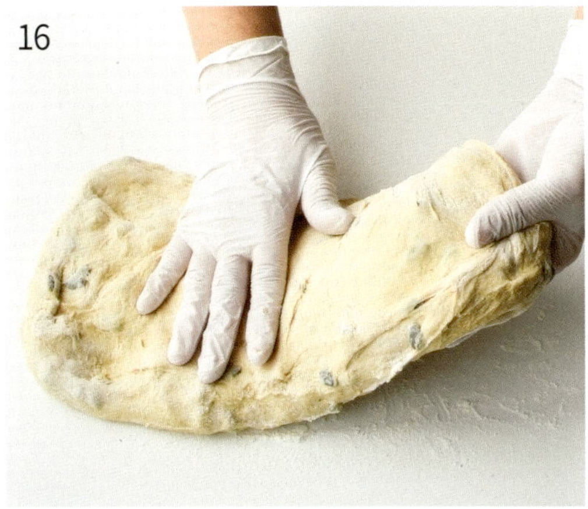

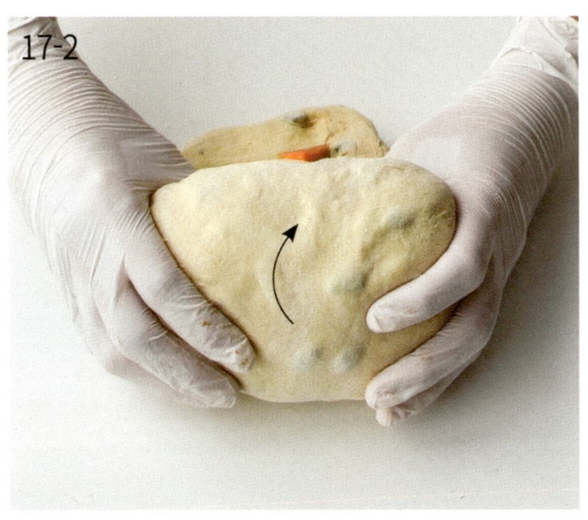

16 반죽 위에 덧가루를 뿌리고 반죽을 손으로 조금씩 늘려 직사각형으로 만든다. 손으로 반죽을 살살 두드려 평평하게 높이를 맞춘다.

17 반죽을 왼쪽에서 가운데 방향으로, 오른쪽에서 반대편으로 겹쳐 접는다(과정 ⑫, ⑬ 참고). 반죽의 끝을 모아 위에서 아래로 둥글게 말고 반죽 이음매를 꼬집어 붙인다.

18 반느통에 덧가루를 뿌리고, 둥글게 만 반죽의 이음매가
위로 가도록 반느통에 담는다.

→ 빵 표면에 반느통의 나선 무늬를 뚜렷하게 남기고 싶다면
반느통에 반죽을 바로 담고, 사용 후 반느통 청소를 쉽게
하려면 장독 메시커버나 면포를 활용해요.

19 이음매를 한 번 더 꼬집어 붙인 후 윗면에 덧가루를 뿌리고
비닐을 덮는다. 1시간 실온에 두었다가 냉장고에서
12~24시간 숙성시킨다.

→ 숙성이 끝나기 1시간 전, 오븐에 돌판과 맥반석 자갈을
넣고 최고 온도로 예열을 시작해요. 돌판, 맥반석 자갈이
없다면 열기 유지와 스팀 기능을 할 수 있는 다른 보조
도구를 준비하세요(18쪽).

＊내 오븐 최고 온도에 맞춰 굽는 방법_ 37쪽 참고

20 반죽 위에 덧가루를 뿌린 후 테프론시트 위에 반느통을 엎어 반죽을 옮긴다.

→ 발효가 덜 되었다면 실온에 1~2시간 더 두어 추가로 발효시켜요.

21 반죽 윗면에 덧가루를 뿌린다.

→ 너무 많이 뿌려졌다면 붓으로 여분의 덧가루를 털어내요.

22 칼날을 45° 각도로 눕혀 1cm 깊이로 칼집(쿠프)을 넣는다.

23 반죽을 올린 테프론시트를 오븐에 넣고 끓는 물 150㎖를 달궈진 맥반석 자갈에 붓는다.

→ 이때 수증기에 화상을 입지 않도록 주의하세요.

24 오븐 전원을 끈다. 10~15분 후 반죽이 부풀고 칼집 넣은 부분이 벌어지면 맥반석 자갈을 꺼낸다.

25 오븐을 다시 켜고 230℃에서 5분, 210℃에서 10분간 굽는다. 완성 후 바로 식힘망으로 옮겨 1시간 이상 완전히 식힌다.

들깨 사워도우

두 종류의 깨와 치아시드가 톡톡 터지는 식감,
씹을수록 고소한 맛이 매력적인 사워도우예요.
얇게 썰어 올리브오일을 두른 팬에 구우면
고소한 맛이 더 진하게 살아나요.

치아시드를 더 많이 넣고 싶다면 미리 불려요

치아시드는 수분을 흡수하는 성질이 있어 너무 많이 넣으면
반죽이 뻑뻑해지거나 발효 속도가 느려질 수 있어요. 레시피보다
더 많은 양을 넣고 싶다면 치아시드 무게의 2배만큼의 물에
미리 불려서 사용해요.

늘여 접기는 가볍게 해야 반죽이 찢어지지 않아요

반죽에 입자가 작고 단단한 통들깨, 치아시드 등이 들어가서 말아
접기할 때 표면이 찢어질 수 있어요. 가볍게 늘여 접는 정도만
진행해도 반죽이 충분히 정돈돼요.

- 21×15×8cm 타원형 반느통 1개 분량
- 총 발효 시간 1차 4~6시간 + 2차 13~25시간

- 강력분 200g
- 아리흑밀가루 50g
  (또는 통밀가루, 호밀가루)
- 소금 5g
- 르방 80g
- 물 170g
- 통들깨 20g
- 검은깨 5g(또는 참깨)
- 치아시드 5g(생략 가능)

1 볼에 물과 르방을 넣고 푼 후 강력분, 아리흑밀가루를 넣고
날가루가 안 보일 정도로 섞는다.

→ 물을 5~10% 남겨두었다가 소금을 섞을 때 함께 넣어요.

2 뚜껑을 덮고 실온(24~26℃)에 1시간 둔다.

→ 실내 온도가 24℃보다 낮으면 그릇에 뜨거운 물을 담아
리빙박스 또는 오븐에 반죽과 함께 넣어두세요.
과정 ③, ⑤, ⑥, ⑯에서도 참고하세요.

3 소금, 남은 물을 넣고 손으로 반죽을 살살 주물러가며
골고루 섞은 후 통들깨, 검은깨, 치아시드를 넣어 섞는다.
뚜껑을 덮어 실온에서 30분간 휴지시킨다.

4 반죽의 한 귀퉁이를 들어 올려 접는다.

5 볼을 동서남북 방향으로 돌려가며 사방을 모두 접은 후
뚜껑을 덮고 1시간 실온에 둔다.
  ＊늘여 접기(31쪽)

→ 깨, 치아시드처럼 단단한 내용물이 들어간 반죽은 말아
  접기를 하면 표면이 찢어질 수 있어 늘여 접기까지만
  진행해요. 치아시드를 반죽에 넣기 전에 물에 불렸다면
  말아 접기를 진행해 반죽에 탄력을 주는 것도 좋아요.

6 ④, ⑤를 1번 더 반복한 후 1.5~1.7배 크기로 부풀 때까지
4~6시간 실온에 둔다.

7 반죽에 덧가루를 살짝 뿌리고 스크래퍼로 볼과 밀착된
부분을 떼어낸다.

8 작업대에 반죽을 엎은 후 다시 위에 덧가루를 뿌리고
양손으로 반죽을 넓게 펼친다.

9 반죽을 왼쪽에서 가운데 방향으로 접은 후, 오른쪽에서
반대편으로 겹쳐 접는다.

10 반죽의 끝을 모아 위에서부터 아래로 탄탄하게 만 후
표면이 매끈해지도록 양손으로 둥글린다.

11 볼을 뒤집어 덮은 후 20분간 휴지시킨다.

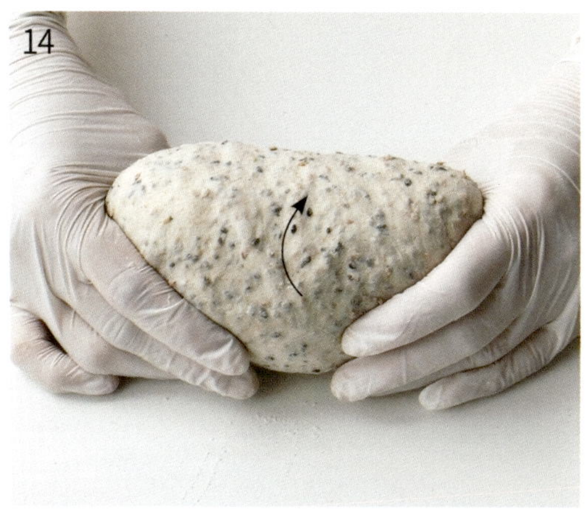

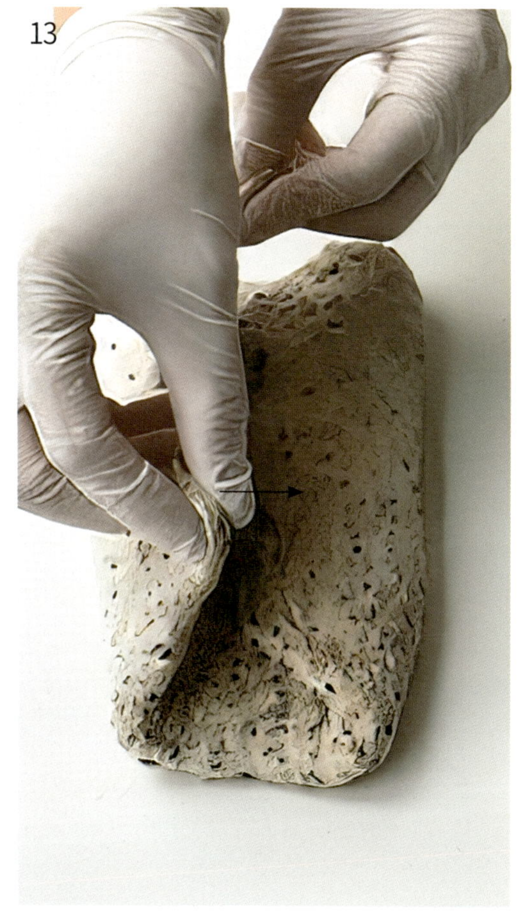

12 반죽 위에 덧가루를 뿌리고 반죽을 손으로 조금씩 늘려 직사각형으로 만든다. 손으로 반죽을 살살 두드려 평평하게 높이를 맞춘다.

13 반죽을 왼쪽에서 가운데 방향으로 접은 후 오른쪽에서 반대편으로 겹쳐 접는다.

14 반죽의 끝을 모아 위에서 아래로 둥글게 말고 반죽 이음매를 꼬집어 붙인다.

15 반느통에 덧가루를 뿌리고, 둥글게 만 반죽의 이음매가
위로 가도록 반느통에 담는다.

→ 빵 표면에 반느통의 나선 무늬를 뚜렷하게 남기고 싶다면
반느통에 반죽을 바로 담고, 사용 후 반느통 청소를 쉽게
하려면 장독 메시커버나 면포를 활용해요.

16 이음매를 한 번 더 꼬집어 붙인 후 윗면에 덧가루를 뿌리고
비닐을 덮는다. 1시간 실온에 두었다가 냉장고에서
12~24시간 숙성시킨다.

→ 숙성이 끝나기 1시간 전, 오븐에 돌판과 맥반석 자갈을
넣고 최고 온도로 예열을 시작해요. 돌판, 맥반석 자갈이
없다면 열기 유지와 스팀 기능을 할 수 있는 다른
보조 도구를 준비하세요(18쪽).

＊내 오븐 최고 온도에 맞춰 굽는 방법_ 37쪽 참고

17 반죽 위에 덧가루를 뿌린 후 테프론시트 위에 반느통을 엎어 반죽을 옮긴다.

→ 발효가 덜 되었다면 실온에 1~2시간 더 두어 추가로 발효시켜요.

18 반죽 윗면에 덧가루를 뿌린다.

→ 너무 많이 뿌려졌다면 붓으로 여분의 덧가루를 털어내요.

19 칼날을 45° 각도로 눕혀 1cm 깊이로 칼집(쿠프)을 넣는다.

20 반죽을 올린 테프론시트를 오븐에 넣고 끓는 물 150mℓ를 달궈진 맥반석 자갈에 붓는다.

→ 이때 수증기에 화상을 입지 않도록 주의하세요.

21 오븐 전원을 끈다. 10~15분 후 반죽이 부풀고 칼집 넣은 부분이 벌어지면 맥반석 자갈을 꺼낸다.

22 오븐을 다시 켜고 230℃에서 5분, 210℃에서 10분간 굽는다. 완성 후 바로 식힘망으로 옮겨 1시간 이상 완전히 식힌다.

아리흑밀 사워도우

아리흑밀은 살짝 어두운 색, 쫀득하고 구수한 맛에 식이섬유가
풍부한 국산밀이에요. 아리흑밀가루를 더해 르방으로 발효시키면
깊고 풍부한 맛이 만들어진답니다. 우리밀로 빵을 만들어 즐기고
싶은 분들에게 꼭 추천하고 싶은 담백하면서도
향긋한 식사빵이에요.

- 강력분 175g
- 아리흑밀가루 50g
  (또는 통밀가루, 호밀가루)
- 소금 5g
- 르방 50g
- 물 165g

베이킹 포인트

처음엔 반죽이 조금 질어도 괜찮아요

흑밀은 수분을 많이 흡수하는 특성이 있어요. 약간 질어서 퍼지는
것처럼 보여도 발효되면서 점점 탄력이 생기니 걱정 마세요.

폴딩은 가볍게 해야 반죽이 끊어지지 않아요

흑밀은 글루텐 형성력이 낮고 구조가 느슨해서 강하게 접거나
늘리면 반죽이 끊어지기 쉬워요. 큰 힘을 주지 않고 살살 늘리고
접어주세요.

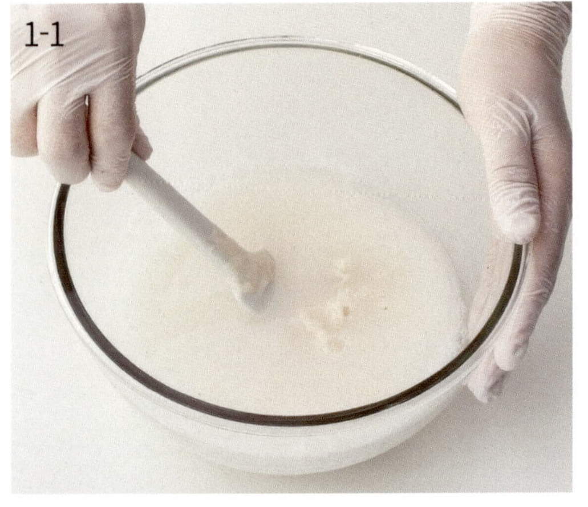

1 볼에 물과 르방을 넣고 푼 후 강력분, 아리흑밀가루를 넣고
날가루가 안 보일 정도로 섞는다.

→ 물을 5~10% 남겨두었다가 소금을 섞을 때 함께 넣어요.

2 뚜껑을 덮고 실온(24~26℃)에 1시간 둔다.

→ 실내 온도가 24℃보다 낮으면 그릇에 뜨거운 물을 담아
리빙박스 또는 오븐에 반죽과 함께 넣어두세요.
과정 ③, ⑤, ⑦, ⑧, ⑲에서도 참고하세요.

3 소금, 남은 물을 넣고 손으로 반죽을 살살 주물러가며
골고루 섞은 후 뚜껑을 덮어 실온에서 30분간 휴지시킨다.

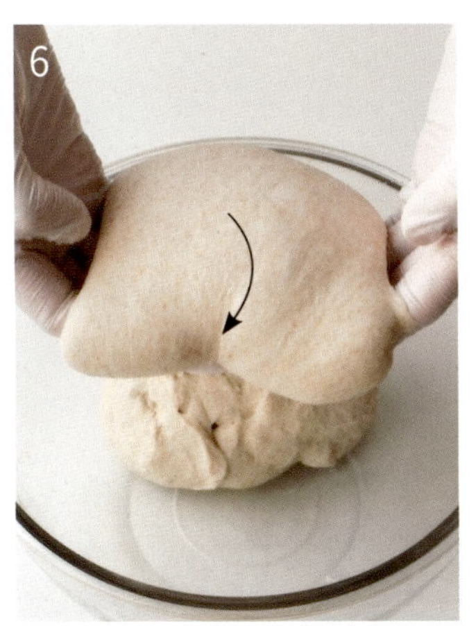

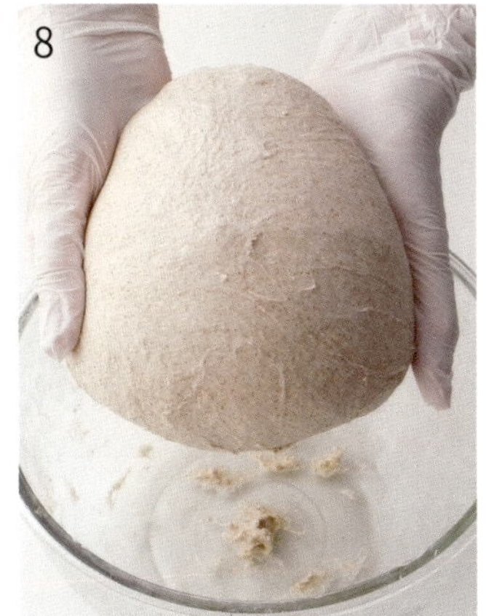

4 반죽의 한 귀퉁이를 들어 올려 접는다.

5 볼을 동서남북 방향으로 돌려가며 사방을 모두 접고
40분간 뚜껑을 덮고 실온에 둔다.
＊늘여 접기(31쪽)

6 반죽을 양손으로 들어올려 반죽의 양끝을 안으로 접어
넣는다.

7 볼을 동서남북 방향으로 돌려가며 사방을 모두 접어 넣고
40분간 뚜껑을 덮어 실온에 둔다.
＊말아 접기(31쪽)

8 반죽이 늘어지지 않고 탄력이 생길 때까지 ⑥, ⑦을
1~4번 반복한다. 반죽이 탄탄해지면 뚜껑을 덮어
1.5~1.7배 크기로 부풀 때까지 4~6시간 실온에 둔다.

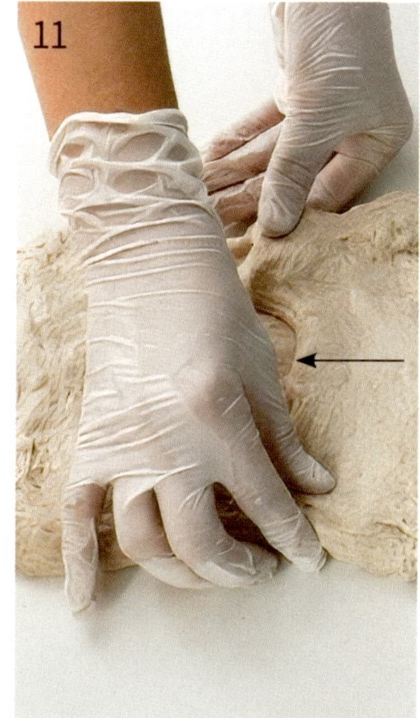

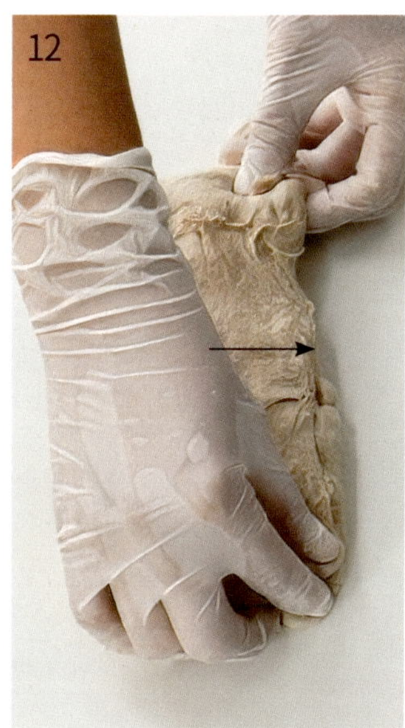

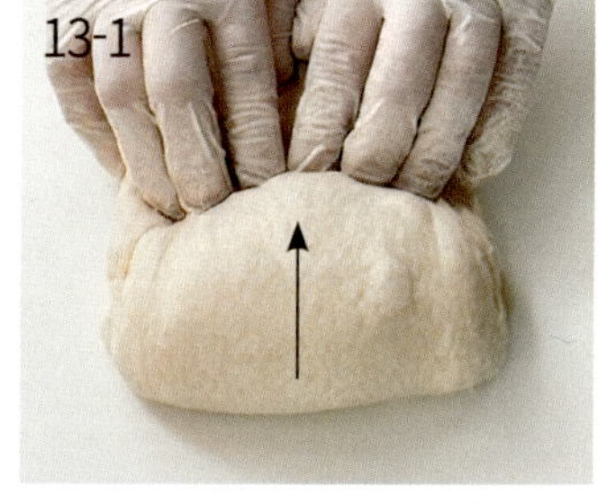

9 반죽에 덧가루를 살짝 뿌리고 스크래퍼로 볼과 밀착된 부분을 떼어낸다.

10 작업대에 반죽을 엎은 후 다시 위에 덧가루를 뿌리고 양손으로 반죽을 넓게 펼친다.

11 반죽을 왼쪽에서 가운데로 접는다.

12 반죽을 오른쪽에서 반대편으로 겹쳐 접는다.

13 반죽의 끝을 모아 위에서부터 아래로 탄탄하게 만 후 표면이 매끈해지도록 양손으로 둥글린다.

14 볼을 뒤집어 덮은 후 20분간 휴지시킨다.

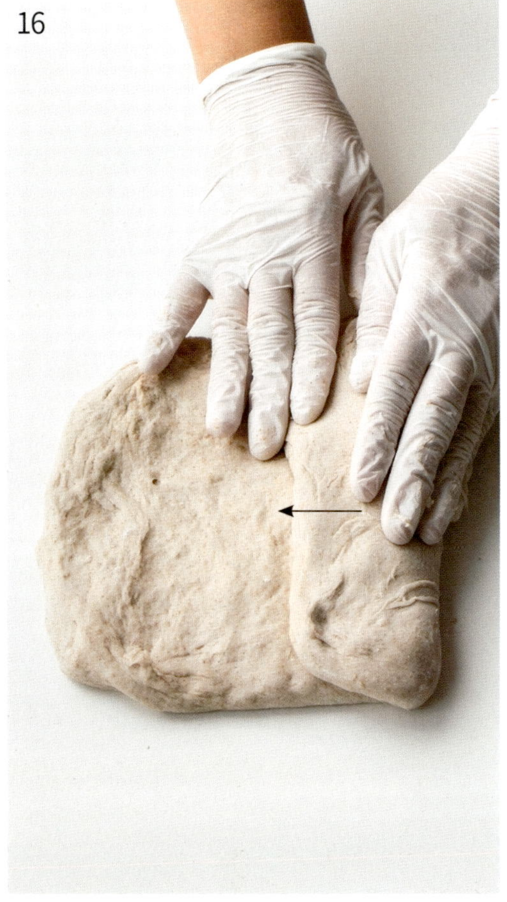

15 반죽 위에 덧가루를 뿌리고 반죽을 손으로 조금씩 늘려 직사각형으로 만든다. 손으로 반죽을 살살 두드려 평평하게 높이를 맞춘다.

16 반죽을 왼쪽에서 가운데 방향으로 접은 후 오른쪽에서 반대편으로 겹쳐 접는다(과정 ⑪, ⑫ 참고).

17 반죽의 끝을 모아 위에서 아래로 둥글게 말고 반죽 이음매를 꼬집어 붙인다.

18 반느통에 덧가루를 뿌리고, 둥글게 만 반죽의 이음매가
위로 가도록 반느통에 담는다.

→ 빵 표면에 반느통의 나선 무늬를 뚜렷하게 남기고 싶다면
반느통에 반죽을 바로 담고, 사용 후 반느통 청소를 쉽게
하려면 장독 메시커버나 면포를 활용해요.

19 이음매를 한 번 더 꼬집어 붙인 후 윗면에 덧가루를 뿌리고
비닐을 덮는다. 1시간 실온에 두었다가 냉장고에서
12~24시간 숙성시킨다.

→ 숙성이 끝나기 1시간 전, 오븐에 돌판과 맥반석 자갈을
넣고 최고 온도로 예열을 시작해요. 돌판, 맥반석 자갈이
없다면 열기 유지와 스팀 기능을 할 수 있는 다른
보조 도구를 준비하세요(18쪽).

＊내 오븐 최고 온도에 맞춰 굽는 방법_ 37쪽 참고

20 반죽 위에 덧가루를 뿌린 후 테프론시트 위에 반느통을
엎어 반죽을 옮긴다.

→ 발효가 덜 되었다면 실온에 1~2시간 더 두어 추가로
발효시켜요.

21 반죽 윗면에 덧가루를 뿌린다.

→ 너무 많이 뿌려졌다면 붓으로 여분의 덧가루를 털어내요.

22 칼날을 기울여 1cm 깊이로 칼집(쿠프)을 넣는다.

23 반죽을 올린 테프론시트를 오븐에 넣고 끓는 물 150㎖를
달궈진 맥반석 자갈에 붓는다.

→ 이때 수증기에 화상을 입지 않도록 주의하세요.

24 오븐 전원을 끈다. 10~15분 후 반죽이 부풀고 칼집 넣은
부분이 벌어지면 맥반석 자갈을 꺼낸다.

25 오븐을 다시 켜고 230℃에서 5분, 210℃에서 10분간
굽는다. 완성 후 바로 식힘망으로 옮겨 1시간 이상 완전히
식힌다.

통밀 100% 사워도우

통밀가루만으로 반죽해 고소함이 가득한 사워도우예요.
거친 식감 속 자연스러운 단맛과 깊은 곡물의 풍미가 살아 있어,
꼭꼭 씹을수록 그 매력을 제대로 느낄 수 있답니다. 소화가 편하고
포만감도 있으니 건강한 한 끼를 즐기고 싶다면 더없이
좋은 선택이에요.

처음엔 반죽이 조금 질어도 괜찮아요

통밀은 수분을 많이 흡수하는 특성이 있어요. 약간 질어서 퍼지는
것처럼 보여도 발효되면서 점점 탄력이 생기니 걱정 마세요.

과발효에 주의해요

통밀은 발효가 빠르기 때문에 타이밍을 놓치면 과발효되기
쉬워요. 부풀어 올랐다가 가라앉기 전, 오븐에 바로 넣을 수 있도록
타이밍에 신경 써주세요.

- 지름 18cm 원형 반느통 1개 분량
- 총 발효 시간 1차 4~6시간 + 2차 13~25시간

- 통밀가루 250g
- 소금 5g
- 통밀 르방 100g
- 물 220g

통밀 르방을 사용하면
통밀 100% 사워도우를 만들 수 있지만
일반 르방을 사용해도 좋아요.

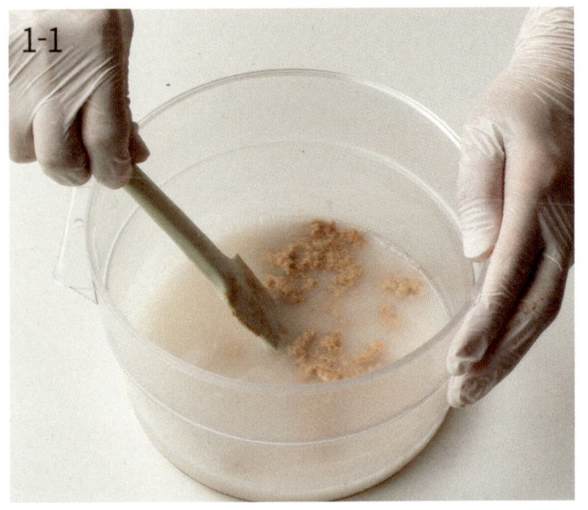

1 볼에 물과 통밀 르방을 넣고 푼 후 통밀가루를 넣고
날가루가 안 보일 정도로 섞는다.

→ 물을 5~10% 남겨두었다가 소금을 섞을 때 함께 넣어요.

2 뚜껑을 덮고 실온(24~26℃)에 1~2시간 둔다.

→ 통밀가루는 강력분에 비해 수분을 흡수하는 시간이
더 많이 필요해요.

→ 실내 온도가 24℃보다 낮으면 그릇에 뜨거운 물을 담아
리빙박스 또는 오븐에 반죽과 함께 넣어두세요.
과정 ③, ⑤, ⑦, ⑧, ⑱에서도 참고하세요.

3 소금, 남은 물을 넣고 손으로 반죽을 살살 주물러가며
골고루 섞은 후 뚜껑을 덮어 실온에서 30분간 휴지시킨다.

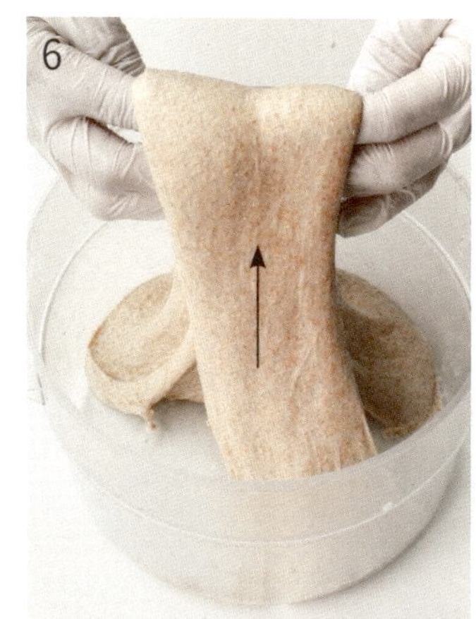

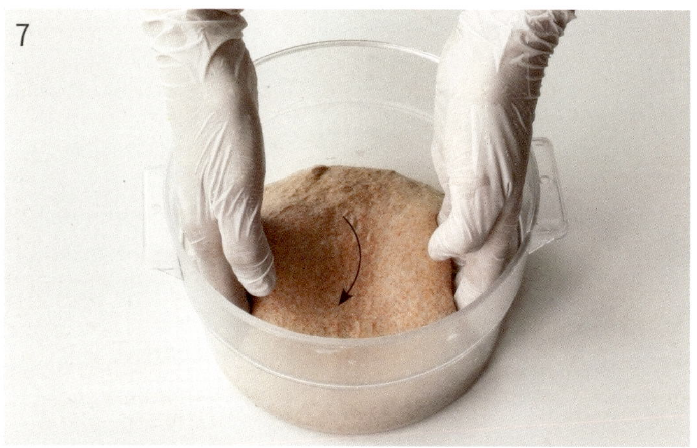

4 반죽의 한 귀퉁이를 들어 올려 접는다.

5 볼을 동서남북 방향으로 돌려가며 사방을 모두 접고
40분간 뚜껑을 덮고 실온에 둔다.
　＊늘여 접기(31쪽)

6 반죽을 양손으로 들어올려 반죽의 양끝을 안으로 접어
넣는다.

7 볼을 동서남북 방향으로 돌려가며 사방을 모두 접어 넣고
40분간 뚜껑을 덮고 실온에 둔다.
　＊말아 접기(31쪽)

8 반죽이 늘어지지 않고 탄력이 생길 때까지 ⑥, ⑦을
1~4번 반복한다. 반죽이 탄탄해지면 뚜껑을 덮어
1.5~1.7배 크기로 부풀 때까지 4~6시간 실온에 둔다.

9 반죽에 덧가루를 살짝 뿌리고 스크래퍼로 볼과 밀착된 부분을 떼어낸다.

10 작업대에 반죽을 엎은 후 다시 위에 덧가루를 뿌리고 양손으로 반죽을 넓게 펼친다.

11 반죽을 왼쪽에서 가운데, 오른쪽에서 반대편으로 겹쳐 접는다.

12 반죽의 끝을 모아 위에서부터 아래로 탄탄하게 만 후 표면이 매끈해지도록 양손으로 둥글린다.

13 볼을 뒤집어 덮은 후 20분간 휴지시킨다.

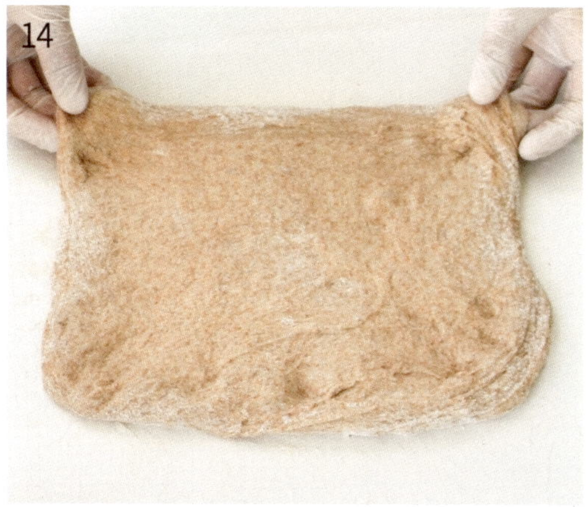

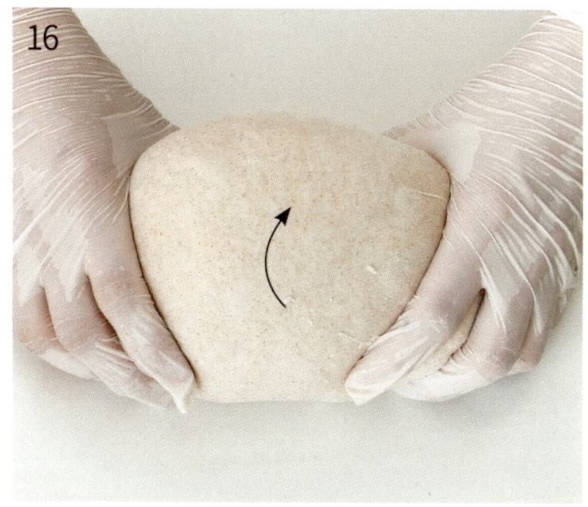

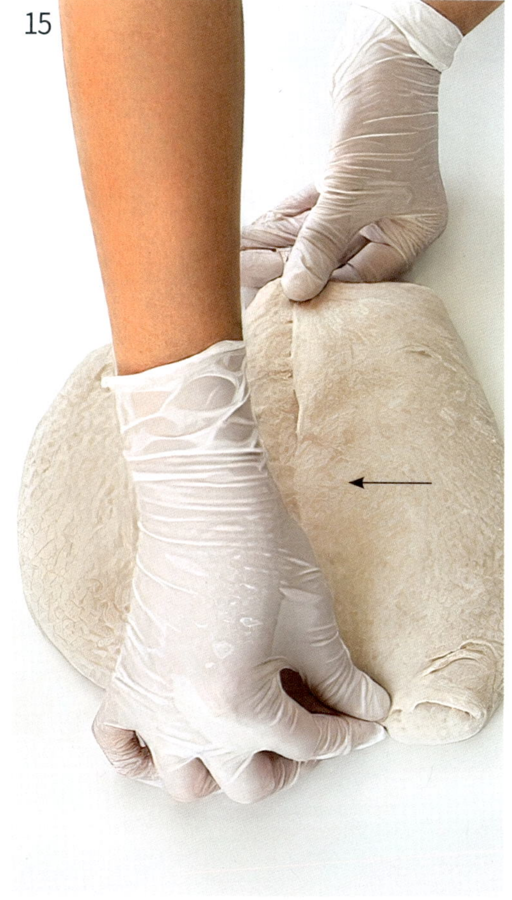

14 반죽 위에 덧가루를 뿌리고 반죽을 손으로 조금씩 늘려
직사각형으로 만든다. 손으로 반죽을 살살 두드려
평평하게 높이를 맞춘다.

15 반죽을 왼쪽에서 가운데 방향으로 접은 후 오른쪽에서
반대편으로 겹쳐 접는다.

16 반죽의 끝을 모아 위에서 아래로 둥글게 말고
반죽 이음매를 꼬집어 붙인다.

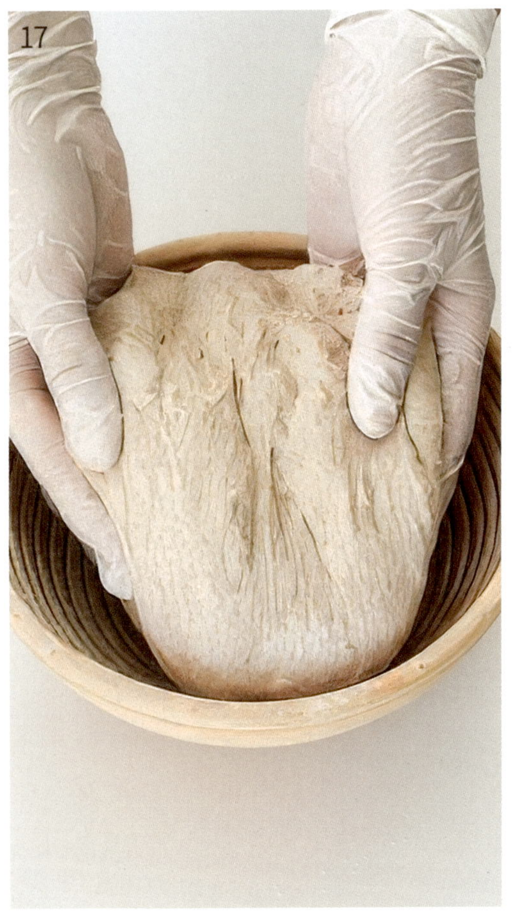

17 반느통에 덧가루를 뿌리고, 둥글게 만 반죽의 이음매가
위로 가도록 반느통에 담는다.

→ 빵 표면에 반느통의 나선 무늬를 뚜렷하게 남기고 싶다면
반느통에 반죽을 바로 담고, 사용 후 반느통 청소를 쉽게
하려면 장독 메시커버나 면포를 활용해요.

18 이음매를 한 번 더 꼬집어 붙인 후 윗면에 덧가루를 뿌리고
비닐을 덮는다. 1시간 실온에 두었다가 냉장고에서
12~24시간 숙성시킨다.

→ 숙성이 끝나기 1시간 전, 오븐에 돌판과 맥반석 자갈을
넣고 최고 온도로 예열을 시작해요. 돌판, 맥반석 자갈이
없다면 열기 유지와 스팀 기능을 할 수 있는 다른
보조 도구를 준비하세요(18쪽).

＊내 오븐 최고 온도에 맞춰 굽는 방법_ 37쪽 참고

19 반죽 위에 덧가루를 뿌린 후 테프론시트 위에 반느통을 엎어 반죽을 옮긴다.

→ 발효가 덜 되었다면 실온에 1~2시간 더 두어 추가로 발효시켜요.

20 반죽 윗면에 덧가루를 뿌린다.

→ 너무 많이 뿌려졌다면 붓으로 여분의 덧가루를 털어내요.

21 칼날을 45° 각도로 눕혀 1cm 깊이로 칼집(쿠프)을 넣는다.

22 반죽을 올린 테프론시트를 오븐에 넣고 끓는 물 150㎖를 달궈진 맥반석 자갈에 붓는다.

→ 이때 수증기에 화상을 입지 않도록 주의하세요.

23 오븐 전원을 끈다. 10~15분 후 반죽이 부풀고 칼집 넣은 부분이 벌어지면 맥반석 자갈을 꺼낸다.

24 오븐을 다시 켜고 230℃에서 5분, 210℃에서 10분간 굽는다. 완성 후 바로 식힘망으로 옮겨 1시간 이상 완전히 식힌다.

호밀 100% 사워도우

호밀 특유의 진하고 구수한 풍미를 오롯이 느낄 수 있는 사워도우예요.
질감은 촉촉하고 부드러우면서 은은한 산미와 깊은 곡물 향을 느낄 수 있는
호밀 사워도우에는 버터 한 조각만 얹어도 충분히 만족스러운
한 끼가 됩니다. 짙은 호밀 향이 익숙하지 않다면
잼이나 치즈, 견과류를 곁들여 호밀과 친해져보세요.

- 호밀가루 400g
- 호밀 르방 250g
- 물 300g
- 소금 8g

호밀 르방을 사용하면
호밀 100% 사워도우를 만들 수 있지만
일반 르방을 사용해도 좋아요.

반죽을 오란다 틀 대신
반느통에 한꺼번에 넣어 발효시킨 후
220℃에서 10~15분, 200℃에서
25~30분 구워도 좋아요.

반죽이 질고 끈적해도 괜찮아요

호밀은 글루텐이 거의 형성되지 않아서 손에 달라붙기 쉬우나,
당황하지 않아도 돼요. 그대로 두고 발효시키면 촉촉한 질감이
살아난답니다.

르방은 막 부풀어오른 정점 상태에서 사용해요

호밀은 본래 산미가 있는 곡물이에요. 르방이 피크점(23쪽)을
지난 후 사용하면 전체적으로 신맛이 더 강해질 수 있어요. 산미가
부담스럽다면, 르방이 부풀어 오르다가 막 피크점에 도달했을 때
사용하는 것을 추천해요.

1 볼에 30~40℃ 정도의 따뜻한 물과 호밀 르방을 넣고 푼다.

→ 호밀가루는 따뜻한 물로 반죽해야 발효가 잘 돼요.

2 호밀가루, 소금을 넣고 날가루가 안 보일 정도로 섞는다.

→ 호밀에는 글루텐이 거의 없어서 다른 반죽과 달리 소금을
함께 섞어요. 반죽은 다른 것보다 퍼지고 끈적이는
질감이에요.

3 뚜껑을 덮고 실온(24~26℃)에 2~3시간 둔다.

→ 호밀가루는 강력분에 비해 수분을 흡수하는 시간이
더 많이 필요해요.

→ 실내 온도가 24℃보다 낮으면 그릇에 뜨거운 물을 담아
리빙박스 또는 오븐에 반죽과 함께 넣어두세요.
과정 ⑧에서도 참고하세요.

→ 반죽이 약간 부풀고 표면에 거칠고 자잘한 기포가
올라오면 잘 발효된 거예요.

＊내 오븐 최고 온도에 맞춰 굽는 방법_ 37쪽 참고

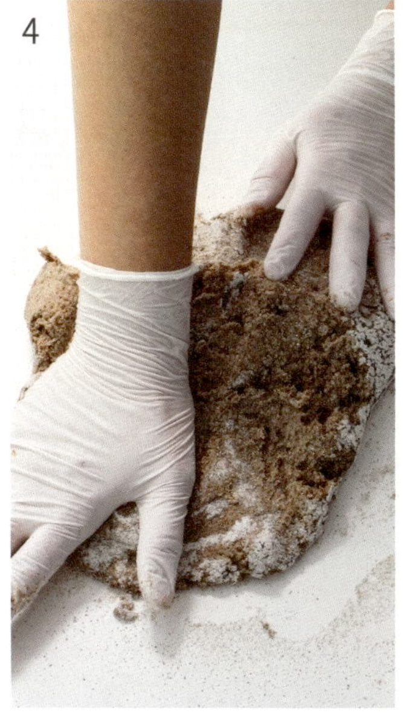

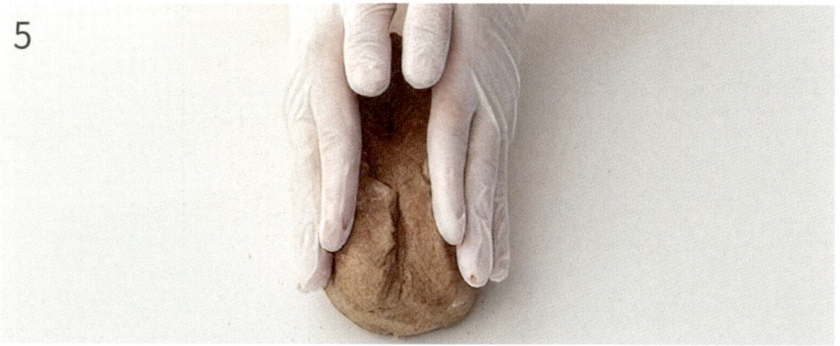

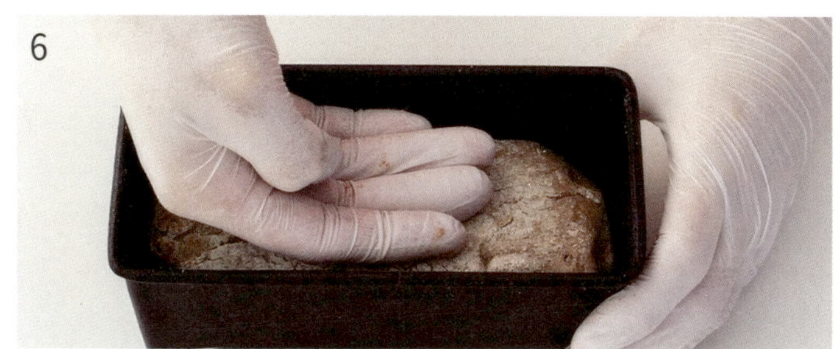

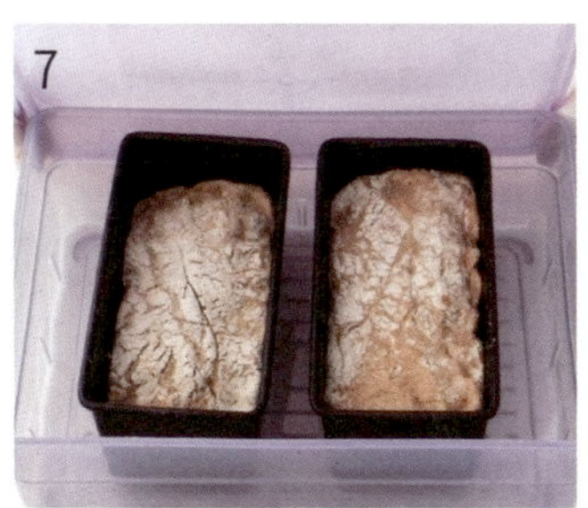

4   작업대에 덧가루를 뿌린 후 반죽을 올려 가스를 뺀다.

5   반죽을 2등분한 후 뒤집어 틀 형태에 맞게 모양을 잡는다.

6   반죽을 틀에 담고 덧가루를 뿌린 후 평평하게 다듬는다.

7   뚜껑을 덮고 냉장고에 넣은 후 8~12시간 숙성시킨다.

8   반죽이 1.5배 크기로 부풀 때까지 2~4시간 실온에 둔다.

→   발효가 거의 다 되어가면 오븐에 돌판과 맥반석 자갈을
    넣고 210℃에서 예열을 시작해요.

9   오븐 온도를 190℃로 낮춰 25~35분간 굽는다. 완성 후
    바로 틀에서 꺼내 식힘망으로 옮겨 1시간 이상
    완전히 식힌다.

→   칼집을 넣지 않아도 윗면이 자연스럽게 터져요.

→   윗면에 색이 나면 꼬치로 가운데를 찔러보세요. 반죽이
    묻어나지 않으면 꺼내도 좋아요.

→   굽기 전 반죽 표면에 물을 살짝 바르고 호박씨를 붙여
    씹는 맛과 고소함을 더해도 좋아요.

다크초콜릿 사워도우

진한 다크초콜릿과 코코아파우더를 넣어 한 입 베어 물면
깊은 풍미가 입 안 가득 퍼져요. 메이플시럽의 은은한 단맛이
감돌면서 촉촉한 식감이라 크림치즈나 제철 과일을 곁들이면
더욱 풍성하게 즐길 수 있어요.

물의 양은 반죽 상태를 체크해 가감해요

코코아파우더는 수분을 흡수하는 성질이 강하기 때문에 동일한
양의 물을 사용해도 반죽의 되기, 발효 상태 등에서 차이가 생길
수 있어요. 레시피의 물 양을 정확히 지키기보다는 반죽 상태를
살피며 조절하는 것이 좋답니다.

다크초콜릿은 1차 발효 후에 넣어요

처음부터 반죽에 섞으면 반죽을 접고 치대는 과정에서 초콜릿이
녹아버릴 수 있어요. 1차 발효가 끝난 뒤 넣으면 반죽의 글루텐이
안정된 상태여서 재료가 고르게 퍼지고, 더 깔끔한 식감과
모양으로 완성돼요.

- 지름 18cm 원형 반느통 1개 분량
- 총 발효 시간 1차 4~6시간 + 2차 13~25시간

- 강력분 250g
- 무가당 코코아파우더 34g(발로나)
- 초코 르방 90g
  ＊만들기 24쪽
- 물 210g
- 메이플시럽 16g(또는 꿀)
- 소금 4g
- 다크초콜릿 30g
- 피스타치오 20g(또는 피칸, 호두 등)

초코 르방을 사용하면 더 진한 초콜릿
맛을 낼 수 있지만
일반 르방을 사용해도 좋아요.

코코아파우더는 가급적 발로나 제품을
사용하세요. 다른 제품을 사용하면
반죽이 질어질 수 있어요.

1 피스타치오는 굵게 다진다.

→ 다크초콜릿의 입자가 크면 크기를 맞춰 다져주세요.

2 볼에 초코 르방, 물, 메이플시럽을 푼 후 강력분,
코코아파우더를 넣고 날가루가 안 보일 정도로 섞는다.

→ 물을 5~10% 남겨두었다가 소금을 섞을 때 함께 넣어요.

3 뚜껑을 덮고 실온(24~26℃)에 1시간 둔다.

→ 실내 온도가 24℃보다 낮으면 그릇에 뜨거운 물을 담아
리빙박스 또는 오븐에 반죽과 함께 넣어두세요.
과정 ④, ⑥, ⑧, ⑨, ⑲에서도 참고하세요.

4 소금, 남은 물을 넣고 손으로 반죽을 살살 주물러가며
골고루 섞은 후 뚜껑을 덮어 실온에서 30분간 휴지시킨다.

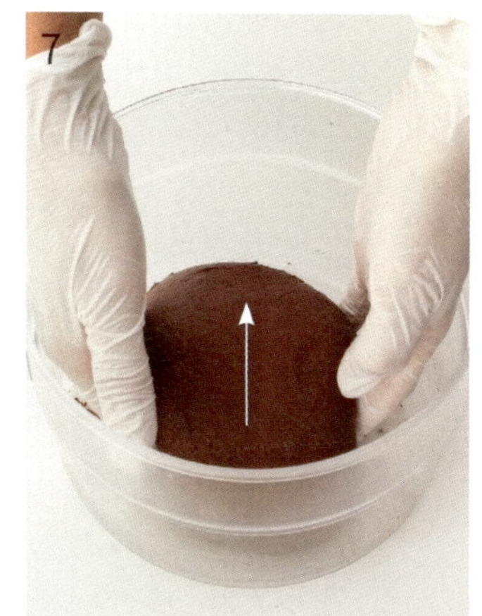
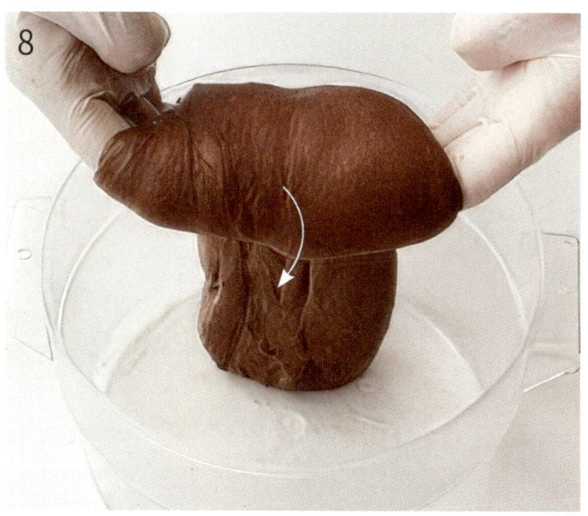
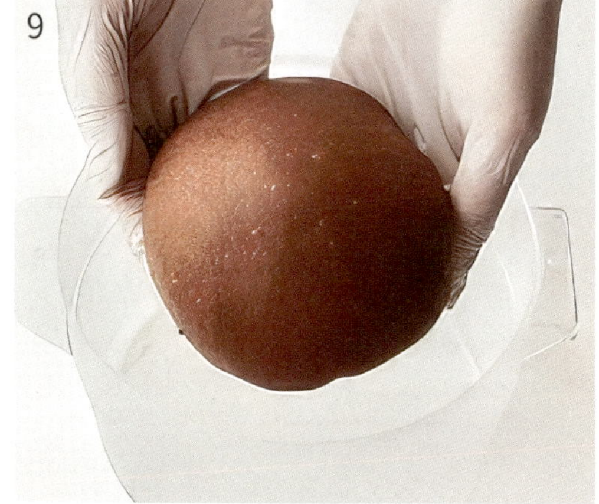

5   반죽의 한 귀퉁이를 들어 올려 접는다.

6   볼을 동서남북 방향으로 돌려가며 사방을 모두 접고
30분간 뚜껑을 덮고 실온에 둔다.
＊늘여 접기(31쪽)

7   반죽을 양손으로 들어올려 반죽의 양끝을 안으로 접어
넣는다.

8   볼을 동서남북 방향으로 돌려가며 사방을 모두 접어 넣고
30분간 뚜껑을 덮어 실온에 둔다.
＊말아 접기(31쪽)

9   반죽이 늘어지지 않고 탄력이 생길 때까지 ⑦, ⑧을
1~4번 반복한다. 반죽이 탄탄해지면 뚜껑을 덮어
1.5~1.7배 크기로 부풀 때까지 4~6시간 실온에 둔다.

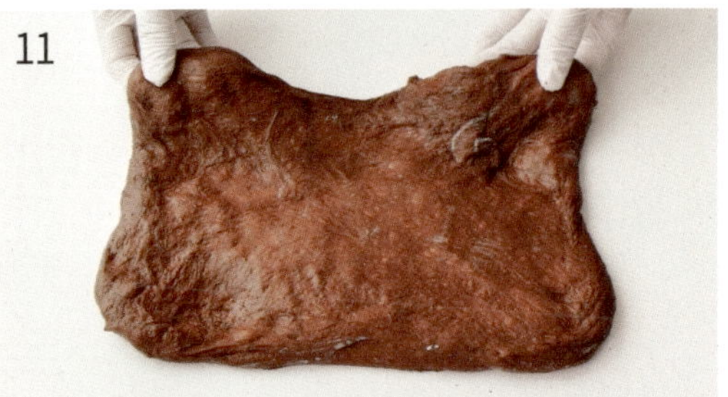

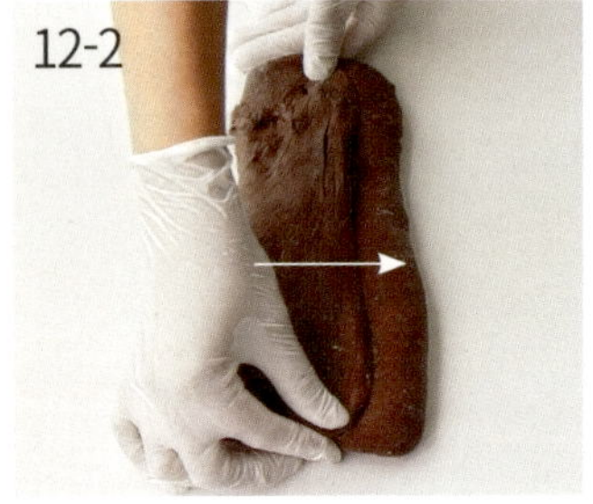

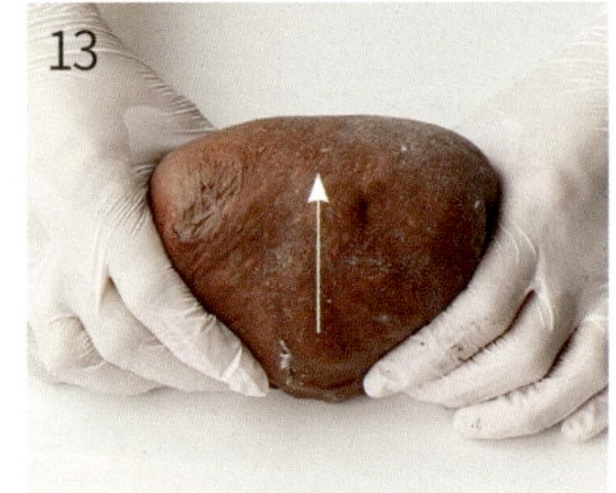

10 반죽에 덧가루를 살짝 뿌리고 스크래퍼로 볼과 밀착된 부분을 떼어낸다.

11 작업대에 반죽을 엎은 후 다시 위에 덧가루를 뿌리고 양손으로 반죽을 넓게 펼친다.

12 반죽 위에 ①의 피스타치오와 다크초콜릿을 올리고 반죽을 왼쪽에서 가운데, 오른쪽에서 반대편으로 겹쳐 접는다.

13 반죽의 끝을 모아 위에서부터 아래로 탄탄하게 만 후 표면이 매끈해지도록 양손으로 둥글린다.

14 볼을 뒤집어 덮은 후 20분간 휴지시킨다.

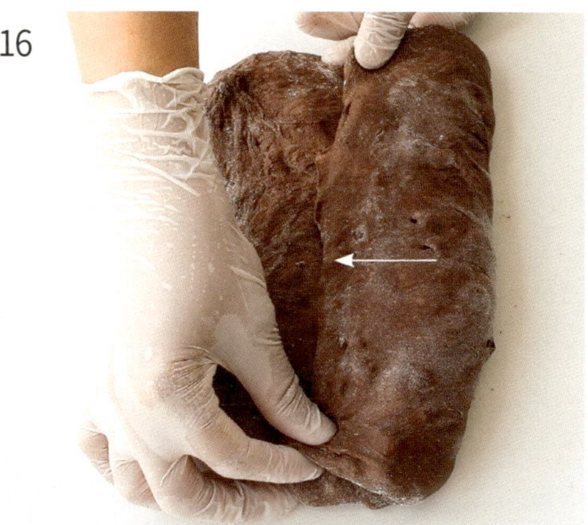

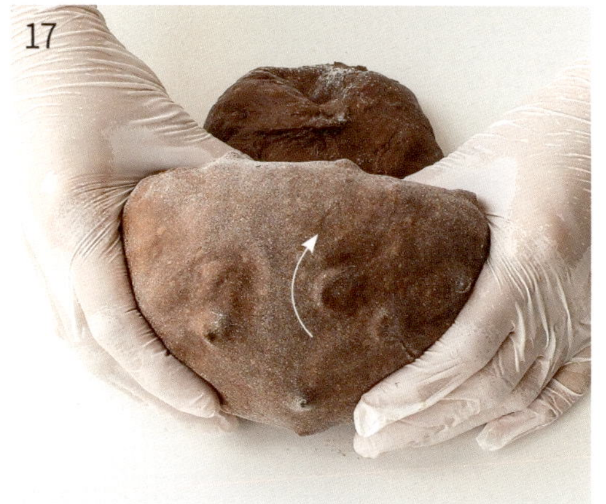

15 반죽 위에 덧가루를 뿌리고 반죽을 손으로 조금씩 늘려 직사각형으로 만든다. 손으로 반죽을 살살 두드려 평평하게 높이를 맞춘다.

16 반죽을 왼쪽에서 가운데 방향으로 접은 후 오른쪽에서 반대편으로 겹쳐 접는다.

17 반죽의 끝을 모아 위에서 아래로 둥글게 말고 반죽 이음매를 꼬집어 붙인다.

18 반느통에 덧가루를 뿌리고, 둥글게 만 반죽의 이음매가
위로 가도록 반느통에 담는다.

→ 빵 표면에 반느통의 나선 무늬를 뚜렷하게 남기고 싶다면
반느통에 반죽을 바로 담고, 사용 후 반느통 청소를 쉽게
하려면 장독 메시커버나 면포를 활용해요.

19 이음매를 한 번 더 꼬집어 붙인 후 윗면에 덧가루를 뿌리고
비닐을 덮는다. 1시간 실온에 두었다가 냉장고에서
12~24시간 숙성시킨다.

→ 숙성이 끝나기 1시간 전, 오븐에 돌판과 맥반석 자갈을
넣고 최고 온도로 예열을 시작해요. 돌판, 맥반석 자갈이
없다면 열기 유지와 스팀 기능을 할 수 있는 다른
보조 도구를 준비하세요(18쪽).

＊내 오븐 최고 온도에 맞춰 굽는 방법_ 37쪽 참고

20 반죽 위에 덧가루를 뿌린 후 테프론시트 위에 반느통을 엎어 반죽을 옮긴다.

→ 발효가 덜 되었다면 실온에 1~2시간 더 두어 추가로 발효시켜요.

21 반죽 윗면에 덧가루를 뿌린다.

→ 너무 많이 뿌려졌다면 붓으로 여분의 덧가루를 털어내요.

22 칼날을 45° 각도로 눕혀 1cm 깊이로 열십자(十) 모양의 칼집(쿠프)을 넣는다.

23 반죽을 올린 테프론시트를 오븐에 넣고 끓는 물 150㎖를 달궈진 맥반석 자갈에 붓는다.

→ 이때 수증기에 화상을 입지 않도록 주의하세요.

24 오븐 전원을 끈다. 10~15분 후 반죽이 부풀고 칼집 넣은 부분이 벌어지면 맥반석 자갈을 꺼낸다.

25 오븐을 다시 켜고 230℃에서 5분, 210℃에서 10분간 굽는다. 완성 후 바로 식힘망으로 옮겨 1시간 이상 완전히 식힌다.

마블 사워도우

초코 반죽과 플레인 반죽이 어우러져 결마다 다른 맛과 식감을
느낄 수 있는 사워도우예요. 잘라놓기만 해도 시선을 끄는 빵이라
선물하기에도 좋고, 브런치 테이블에도 잘 어울립니다.

반죽을 많이 치대지 않아요

반죽을 너무 많이 치대면 마블 패턴이 번지고 흐려질 수 있어요.
두 가지 색의 반죽을 합친 후에는 가볍게 접는 정도로만 결을
만들어 마블 사워도우의 매력을 그대로 살려주세요.

- 26×15×7cm 타원형 반느통 1개 분량
- 총 발효 시간 1차 4~6시간 + 2차 13~25시간

- 강력분 220g
- 통밀가루 50g
- 소금 5g
- 르방 60g
- 물 184g

초코 반죽

- 무가당 코코아파우더 7g(발로나)
- 물 10g
- 꿀 4g

코코아파우더는 가급적 발로나 제품을
사용하세요. 다른 제품을 사용하면
반죽이 질어질 수 있어요.

1 볼에 물과 르방을 넣고 푼 후 강력분, 통밀가루를 넣고
날가루가 안 보일 정도로 섞는다.

→ 물을 5~10% 남겨두었다가 소금을 섞을 때 함께 넣어요.

2 뚜껑을 덮고 실온(24~26℃)에 1시간 둔다.

→ 실내 온도가 24℃보다 낮으면 그릇에 뜨거운 물을 담아
리빙박스 또는 오븐에 반죽과 함께 넣어두세요.
과정 ⑤, ⑦, ⑨, ⑩, ⑲에서도 참고하세요.

3 볼에 초코 반죽 재료를 넣고 뭉치지 않도록 잘 섞는다.

4 ②의 반죽에 소금, 남은 물을 넣고 손으로 반죽을 살살
주물러가며 골고루 섞는다.

5 반죽의 1/2 분량을 떼어내 다른 볼에 담고 ③을 넣고 치대
섞어 초코 반죽을 만든다. 각각의 반죽이 담긴 볼에 뚜껑을
덮고 실온에서 30분간 휴지시킨다.

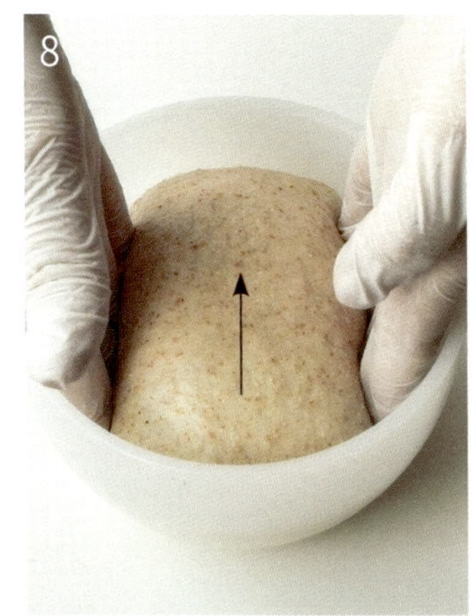

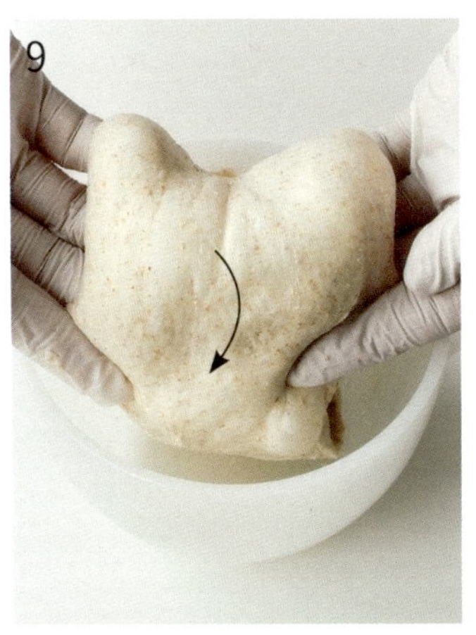

6 반죽의 한 귀퉁이를 들어 올려 접는다.

→ ⑥~⑩까지 두 가지 반죽을 각각 동일하게 진행한다.

7 볼을 동서남북 방향으로 돌려가며 사방을 모두 접고
40분간 뚜껑을 덮고 실온에 둔다.
＊늘여 접기(31쪽)

8 반죽을 양손으로 들어올려 반죽의 양끝을 안으로 접어
넣는다.

9 볼을 동서남북 방향으로 돌려가며 사방을 모두 접어 넣고
40분간 뚜껑을 덮어 실온에 둔다.
＊말아 접기(31쪽)

10 반죽이 늘어지지 않고 탄력이 생길 때까지 ⑧, ⑨를
1~4번 반복한다. 반죽이 탄탄해지면 뚜껑을 덮어
1.5~1.7배 크기로 부풀 때까지 4~6시간 실온에 둔다.

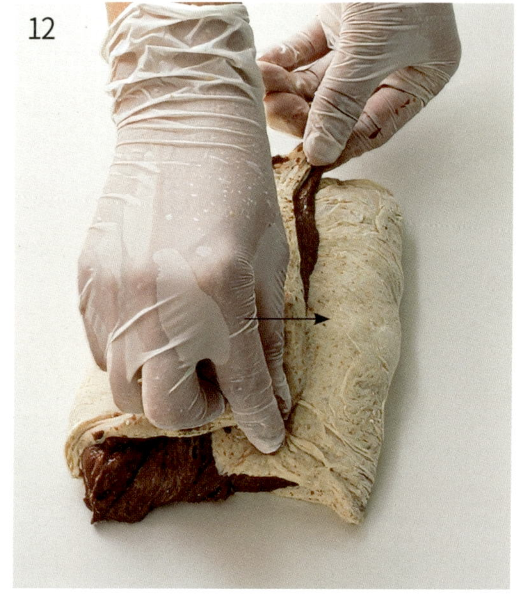

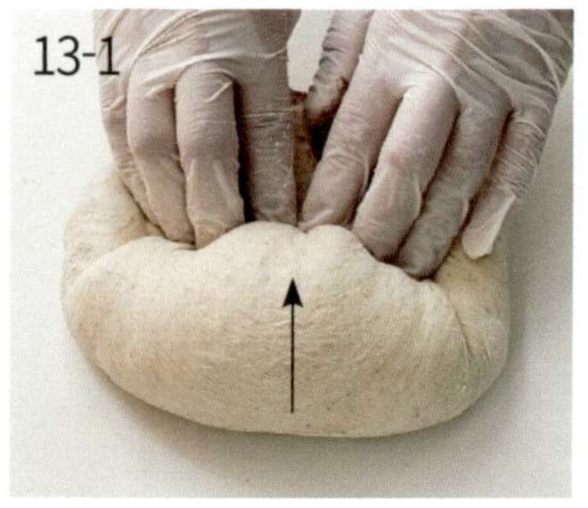
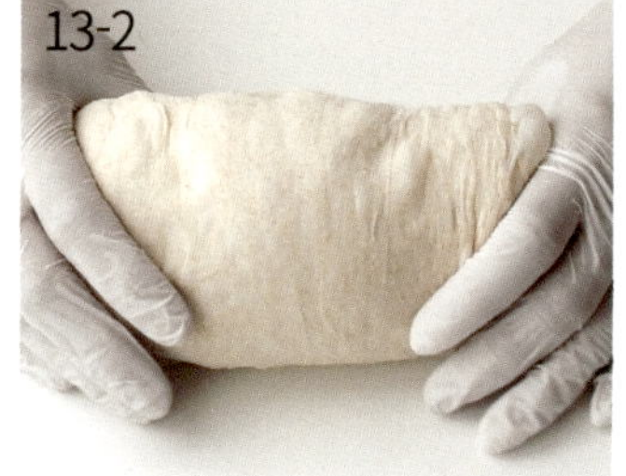

11 작업대에 반죽을 엎은 후 다시 위에 덧가루를 뿌리고 양손으로 두 가지 반죽을 각각 비슷한 크기로 넓게 펼친다.

12 흰 반죽 위에 초코 반죽을 올리고 반죽을 왼쪽에서 가운데 방향으로 접은 후, 오른쪽에서 반대편으로 겹쳐 접는다.

13 반죽의 끝을 모아 위에서부터 아래로 탄탄하게 만 후 표면이 매끈해지도록 양손으로 둥글린다.

14 볼을 뒤집어 덮은 후 20분간 휴지시킨다.

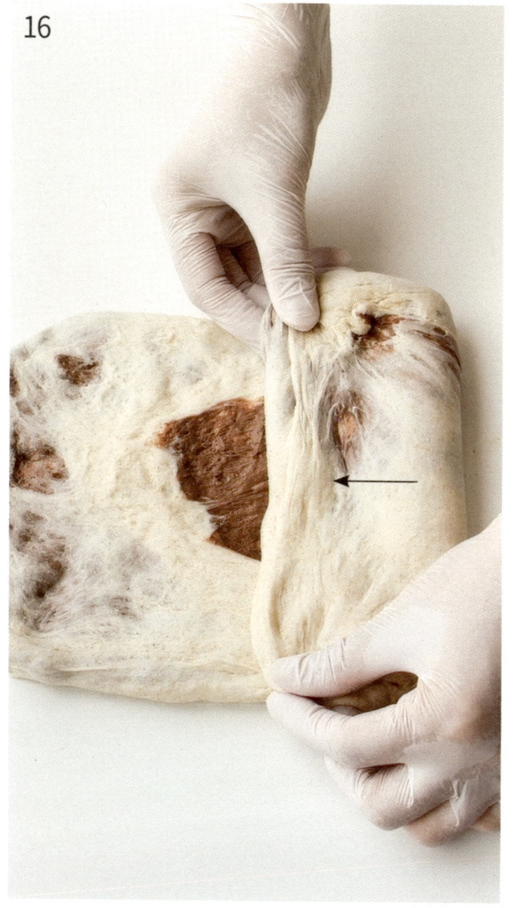

15 반죽 위에 덧가루를 뿌리고 반죽을 손으로 조금씩 늘려 직사각형으로 만든다. 손으로 반죽을 살살 두드려 평평하게 높이를 맞춘다.

16 반죽을 왼쪽에서 가운데 방향으로 접은 후 오른쪽에서 반대편으로 겹쳐 접는다.

17 반죽의 끝을 모아 위에서 아래로 둥글게 말고 반죽 이음매를 꼬집어 붙인다.

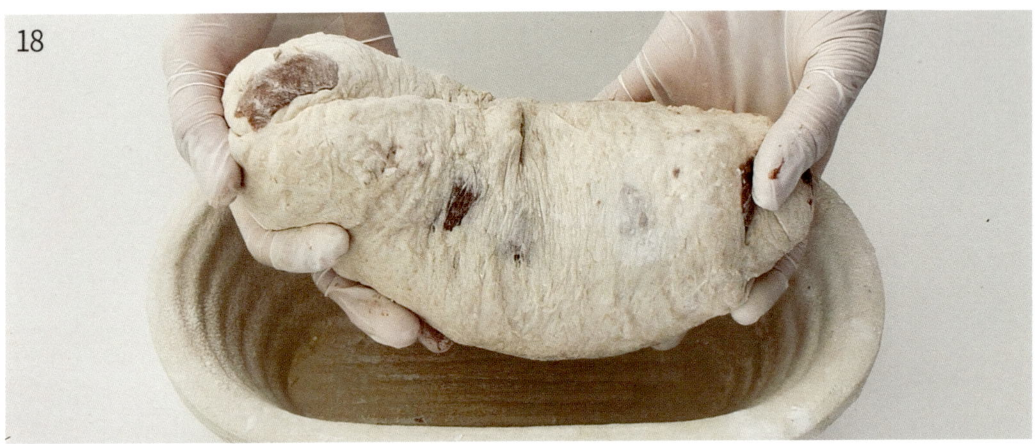

18 반느통에 덧가루를 뿌리고, 둥글게 만 반죽의 이음매가
위로 가도록 반느통에 담는다.

→ 빵 표면에 반느통의 나선 무늬를 뚜렷하게 남기고 싶다면
반느통에 반죽을 바로 담고, 사용 후 반느통 청소를 쉽게
하려면 장독 메시커버나 면포를 활용해요.

19 이음매를 한 번 더 꼬집어 붙인 후 윗면에 덧가루를 뿌리고
비닐을 덮는다. 1시간 실온에 두었다가 냉장고에서
12~24시간 숙성시킨다.

→ 숙성이 끝나기 1시간 전, 오븐에 돌판과 맥반석 자갈을
넣고 최고 온도로 예열을 시작해요. 돌판, 맥반석 자갈이
없다면 열기 유지와 스팀 기능을 할 수 있는 다른
보조 도구를 준비하세요(18쪽).

＊내 오븐 최고 온도에 맞춰 굽는 방법 _ 37쪽 참고

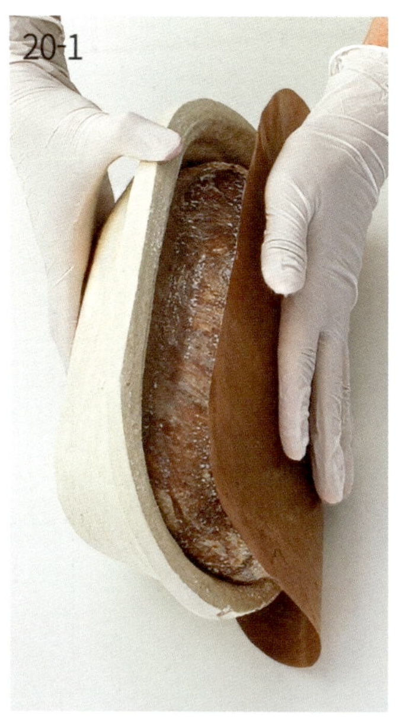

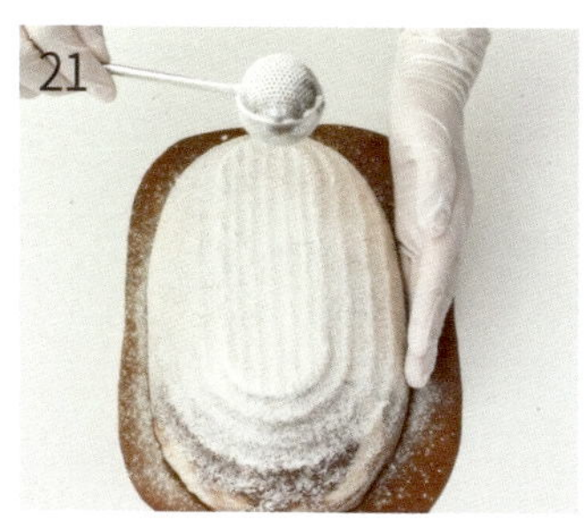

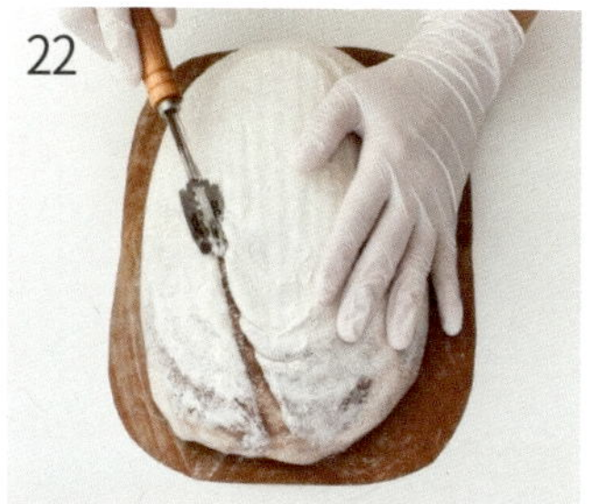

20 반죽 위에 덧가루를 뿌린 후 테프론시트 위에 반느통을 엎어 반죽을 옮긴다.

→ 발효가 덜 되었다면 실온에 1~2시간 더 두어 추가로 발효시켜요.

21 반죽 윗면에 덧가루를 뿌린다.

→ 너무 많이 뿌려졌다면 붓으로 여분의 덧가루를 털어내요.

22 칼날을 45° 각도로 눕혀 1cm 깊이로 칼집(쿠프)을 넣는다.

23 반죽을 올린 테프론시트를 오븐에 넣고 끓는 물 150㎖를 달궈진 맥반석 자갈에 붓는다.

→ 이때 수증기에 화상을 입지 않도록 주의하세요.

24 오븐 전원을 끈다. 10~15분 후 반죽이 부풀고 칼집 넣은 부분이 벌어지면 맥반석 자갈을 꺼낸다.

25 오븐을 다시 켜고 230℃에서 5분, 210℃에서 10분간 굽는다. 완성 후 바로 식힘망으로 옮겨 1시간 이상 완전히 식힌다.

포카치아

식사용으로 만들어두면 좋은 포카치아입니다.
특별한 성형이 필요하지 않아 과정이 간단한 편이에요.
다양한 토핑을 원하는 대로 올려 맛볼 수 있으니 꼭 만들어보세요.

올리브오일을 넉넉히 뿌려요

틀에 반죽을 넣은 후 윗면에 올리브오일을 넉넉히 뿌리세요.
오일이 부족하면 바닥이 눌어붙고, 포카치아 특유의 바삭한
껍질을 만들기 어렵답니다.

딤플은 너무 깊지 않게 넣어요

딤플을 만들 때는 손가락 끝을 수직으로 세워 반죽 높이의
2/3지점까지만 눌러주세요. 너무 깊게 누르면 포카치아의
볼륨을 만드는 가스가 다 빠져버리고 오일도 잘 스며들지 않아
겉돌게 돼요.

- 지름 20cm 원형 오븐팬 1개 분량
- 총 발효 시간 1차 1~2시간 + 2차 1시간

- 강력분 240g
- 소금 6g
- 르방 70g
- 물 210g
- 엑스트라 버진 올리브오일 15g

토핑
- 반으로 썬 방울토마토 약간
- 통조림 올리브 약간
- 그라노파다노치즈 간 것 약간
  (또는 파마산치즈가루)

1 볼에 물과 르방을 넣고 잘 섞은 후 강력분을 넣고 날가루가
안 보일 정도로 섞는다.

→ 물을 5~10% 남겨두었다가 소금을 섞을 때 함께 넣어요.

2 뚜껑을 덮고 실온(24~26℃)에 1시간 둔다.

→ 실내 온도가 24℃보다 낮으면 그릇에 뜨거운 물을 담아
리빙박스 또는 오븐에 반죽과 함께 넣어두세요.
과정 ③, ⑥, ⑩에서도 참고하세요.

3 소금, 남은 물을 넣고 손으로 반죽을 살살 주물러가며
골고루 섞은 후 뚜껑을 덮어 실온에서 30분간 휴지시킨다.

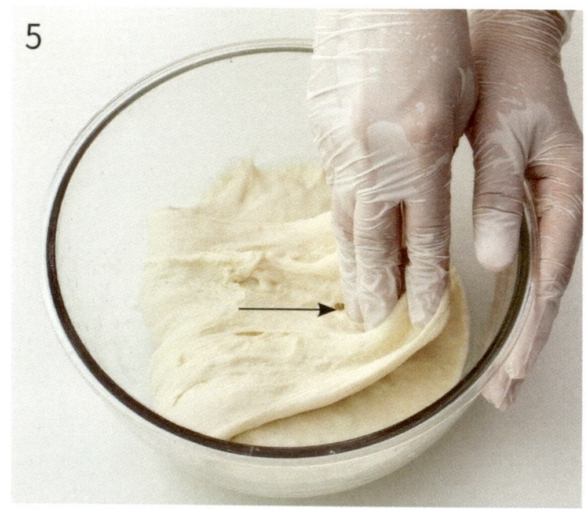

4 반죽의 한 귀퉁이를 들어 올려 접는다.

5 볼을 동서남북 방향으로 돌려가며 사방을 모두 접는다.
　＊늘여 접기(31쪽)

6 뚜껑을 덮고 1.5배 크기로 부풀 때까지 1~2시간 실온에
　둔다.

7 오븐팬에 올리브오일을 넉넉히 바르고 반죽이 담긴 통을 쏟아 반죽을 옮긴다.

8 손에 올리브오일을 묻히고 반죽을 오븐팬 모양에 맞게 늘리면서 펼친다.

9 반죽 위를 손가락으로 눌러 모양을 낸다.

→ 포카치아 특유의 울퉁불퉁한 윗면을 만드는 이 과정을 '딤플dimple 만들기'라고 불러요. 손가락으로 눌러서 반죽 속 기포 크기를 조절하고, 토핑과 올리브오일을 뿌릴 때 흘러내리지 않게 해요.

10 뚜껑을 덮고 실온에서 1시간 발효시킨다.

→ 발효를 마치기 40분 전부터 오븐을 230~240℃로 예열한다.

＊내 오븐 최고 온도에 맞춰 굽는 방법_ 37쪽 참고

11 반죽 위에 올리브오일을 뿌린 후 손가락 끝으로 가볍게 누르고, 토핑을 올린다. 토핑에도 올리브오일을 골고루 뿌린다.

12 오븐 온도를 220℃로 낮춰 반죽을 넣고 25분간 윗면이 노릇하고 바삭해질 때까지 굽는다.

13 오븐에서 꺼내자마자 오븐팬에서 꺼내 식힘망에 얹고 1시간 이상 완전히 식힌다.

Chapter 4

Discarded Levain Recipes

디스카드 르방
활용 레시피

매일같이 먹이를 주다 보면,
냉장고 안에 자꾸만 쌓여가는 르방.
빵을 만들긴 벅차고,
그냥 버리기엔 아깝다면?
그 디스카드 르방, 간식과 요리에 멋지게
활용해보세요. 맛도 좋고 만들기도 쉬워서,
다음엔 일부러 르방을 남기고
싶어질지도 몰라요.

질감은 유연하게 조절하세요
디스카드 르방은 상태에 따라 질감이 제각각이에요. 반죽이 너무 질면 밀가루를, 너무 되면 물이나 우유 같은
수분 재료를 더 넣어가며 반죽 상태를 조절하세요.

신맛이 강한 르방은 양을 줄여요
디스카드 르방을 오래 보관하면 신맛이 강하게 날 수 있어요. 풍미가 부담스럽게 느껴진다면 르방의 비율을
조금 줄여 넣으세요. 제과류를 반죽할 때는 바닐라나 시나몬 등 향신료를 소량 사용하면 풍부한 맛과 향을
더할 수 있어요.

구운 르방칩

르방, 식용유, 소금만으로 만들 수 있는 초간단 간식이에요. 기름에 튀기지 않아도 바삭하고 고소한 맛이 일품입니다. 치즈나 견과류를 곁들여 가벼운 안주로 즐겨도 좋아요.

약 200g 분량

- 르방 200g
- 소금 1g
- 식용유 25g(또는 녹인 버터)
- 에브리띵 시즈닝 약간

에브리띵 시즈닝 *everything seasoning*
참깨, 마늘 플레이크, 양파플레이크, 소금 등을 섞은 혼합 향신료.
참깨, 검은깨, 소금을 1 : 1 : 0.5 비율로 섞어 대체해도 좋아요.

1 볼에 르방, 소금, 식용유를 넣고 골고루 섞는다.

→ 이 과정 후 오븐은 160℃로 예열해요.

2 오븐팬에 테프론시트를 깔고 그 위에 스크래퍼를 사용해 ①을 얇게 펼친다.

3 반죽 위에 에브리띵 시즈닝을 고루 뿌린다.

4 160℃ 오븐에 넣고 20~30분 굽는다. 완전히 식혀 적당한 크기로 부순다.

→ 10분 구운 후 꺼내 원하는 모양으로 자른 후 다시 노릇해질 때까지 구워도 돼요.

→ 밀폐 용기에 보관하면 2~3일간 바삭함이 유지돼요.

르방 팬케이크

구수한 발효 풍미와 폭신하면서도 쫀쫀한 식감이 살아 있는 팬케이크예요. 버터 한 조각에 메이플시럽을 곁들여 든든한 브런치로 즐겨보세요.

지름 12cm 3장 분량

- 중력분 50g
- 베이킹파우더 2g
- 르방 50g
- 우유 80g
- 달걀 1개
- 설탕 20g
- 소금 2g
- 식용유 약간

1 볼에 르방, 우유, 달걀, 설탕, 소금을 넣고 잘 푼다.

2 중력분, 베이킹파우더를 함께 체 쳐 넣고 날가루 없이 섞는다.

→ 묽은 죽처럼 흘러내리는 농도가 적당해요. 반죽이 뻑뻑하면 우유나 물을 조금씩 더 넣어 조절하세요.

3 실온에서 10~20분간 휴지시킨다.

→ 휴지를 거친 반죽은 골고루 부드럽게 익어요.

4 팬을 약한 불로 달군 후 식용유를 두르고 반죽을 국자로 떠서 동그랗게 펼친다.

5 반죽 윗면에 기포가 올라오면 뒤집어 1~2분 더 굽는다.

→ 버터와 메이플시럽, 꿀, 과일 등을 곁들이면 더 맛있어요.

오트밀 르방그래놀라

당분을 많이 첨가하지 않아 담백하게 즐길 수 있는 바삭한 그래놀라에요. 기호에 따라 꿀이나 메이플시럽을 살짝 더하고
그릭요거트, 과일과 함께 담아내면 한층 더 맛있게 즐길 수 있어요.

약 300g 분량

- 롤드오트밀 100g
- 르방 85g
- 꿀 15g
- 견과류 110g
  (아몬드슬라이스, 호두,
  해바라기씨 등)

롤드오트밀rolled oatmeal
무거운 롤러로 누르고 익힌 평평하고
납작한 오트밀

1　볼에 모든 재료를 넣고 섞는다.

→　이 과정 후 오븐은 180℃로 예열해요.

2　팬에 테프론시트를 깔고 ①을 넓게 펼친다.

3　오븐 온도를 160℃로 낮춰 25분간 굽는다.

→　건포도, 건크랜베리 등 말린 과일을 함께 넣고 싶다면 미리 반죽에 섞어 굽지
　말고, 20분 구운 후 오븐팬을 꺼내서 넣으세요. 미리 넣으면 딱딱하게 말라서 맛이
　덜하답니다. 이 레시피는 간을 거의 하지 않아 담백하니, 단맛을 원한다면 꿀을,
　짠맛을 원한다면 소금을 약간씩 더해보세요.

미니 초코칩 르방쿠키

자극적인 단맛 대신 구수한 향과 은은한 단맛이 어우러져 자꾸 손이 가는 쿠키예요. 겉은 바삭, 속은 촉촉해
아이들에게도 인기가 좋으니 우유와 함께 간식으로 준비해보세요.

지름 2cm 45~50개 분량

- 박력분 150g
- 르방 60g
- 버터 100g(실온에 두어 말랑해진 것)
- 설탕 50g
- 소금 약간
- 달걀 1개
- 초코칩 50g
- 아몬드슬라이스 40g
  (또는 호두, 땅콩 분태 등)

1 볼에 버터를 넣고 핸드믹서로 부드럽게 푼 후 설탕, 소금을 넣고 섞는다.

→ 이 과정 후 오븐은 180℃로 예열해요.

2 다른 볼에 르방, 달걀을 넣고 섞은 후 ①에 2~3번 나눠 넣으면서 부드럽게 섞는다.

3 박력분을 체 쳐서 넣고 주걱을 세워 11자를 그리듯 70% 섞는다.

4 초코칩, 아몬드슬라이스를 넣고 같은 방법으로 마저 섞는다.

5 오븐팬에 테프론시트를 깔고 100원짜리 동전 크기로 도톰하게 반죽을 떼어
적당한 간격을 두고 올린다.

6 오븐 온도를 160℃로 낮춰 15분간 굽는다.

→ 쿠키를 더 크게 만들고 싶다면 온도를 5~10℃ 더 낮추고 5~10분 더 구워요.

초콜릿 르방머핀

르방의 은은한 구수함과 달콤한 초콜릿이 잘 어우러지는 NO버터 머핀 레시피예요.
너무 무겁지 않으면서도 깊은 맛이 있어 당 충전이 필요할 때 부담 없이 즐기기 좋아요.

지름 7cm 머핀 6개 분량

- 중력분 160g
- 무가당 코코아파우더 25g(발로나)
- 베이킹파우더 4g
- 달걀 2개
- 르방 45g
- 머스코바도 80g(또는 황설탕)
- 꿀 10g
- 우유 50g
- 식용유 100g
  (또는 코코넛오일, 녹인 버터)
- 초코칩 60g

1 볼에 달걀, 르방, 머스코바도, 꿀, 우유, 식용유를 넣고 거품기로 섞는다.

→ 이 과정 후 오븐은 180°C로 예열해요.

2 중력분, 코코아파우더, 베이킹파우더를 함께 체 쳐 ①에 넣고 거품기로 섞는다.

→ 반죽을 너무 오래 섞어 글루텐이 생성되면 질감이 뻣뻣하고 거칠어지니 날가루가 보이지 않을 정도로만 섞고 멈추세요.

3 날가루가 조금 남았을 때 초코칩을 넣고 마저 섞는다.

4 머핀틀에 머핀용 주름종이를 넣고 반죽을 70% 채운다.

→ 주름종이가 없다면 틀에 버터를 바른 후 밀가루를 얇게 뿌려 코팅하고 반죽을 채워요.

5 오븐 온도를 160°C로 낮춘 후 20분간 굽는다.

흑밀 르방비스코티

바삭하게 두 번 구워내는 전통 이탈리아 과자인 비스코티에 흑밀과 르방을 넣어 더 구수하게 만들었어요.
흑밀 특유의 고소한 풍미가 살아 있어 커피나 차와 함께 즐길 건강한 간식으로 딱 좋답니다. 기호에 맞게 호두, 피칸,
건크랜베리나 오렌지필 등을 반죽에 섞어 더 풍성한 맛을 더해도 좋아요.

8×1.5cm 18~20개 분량

- 아리흑밀가루 150g(또는 통밀가루)
- 강력분 30g
- 베이킹파우더 4g
- 르방 64g
- 달걀 50g
- 머스코바도 85g(또는 황설탕, 흑설탕)
- 설탕 15g
- 소금 2g
- 올리브오일 30g(또는 식용유)
- 바닐라익스트랙트 약간(생략 가능)
- 다진 아몬드 60g(또는 땅콩, 피칸 등)

1 볼에 달걀을 넣어 풀고 머스코바도, 설탕을 넣어 아이보리색이 될 때까지 핸드믹서로 휘핑한다. 올리브오일, 바닐라익스트랙트를 넣고 섞은 후 르방을 넣어 잘 섞는다.

→ 이 과정 후 오븐은 180℃로 예열해요.

2 아리흑밀가루, 강력분, 베이킹파우더를 함께 체 친다. 소금과 함께 ①에 넣고 날가루가 살짝 보일 정도로 섞은 후 다진 아몬드를 넣고 섞는다.

3 오븐팬에 테프론시트를 깔고 완성된 반죽을 27×8cm, 두께 1.5cm 크기의 직사각형 모양으로 성형해 올린다. 오븐 온도를 160℃로 낮춰 20분간 굽는다.

→ 겉이 살짝 단단하고 속이 촉촉한 정도면 적당해요.

4 오븐에서 꺼내 15~20분간 실온에서 식힌 후 1cm 두께로 썬다.

5 단면이 위로 가도록 오븐팬에 나란히 올린 후 160℃에서 10분간 굽는다. 뒤집어 10분간 더 굽고 식힘망으로 옮긴 후 완전히 식힌다.

씨앗 르방호떡

별도의 반죽 없이 디스카드 르방만으로 바삭하면서도 쏜득하게 만들 수 있는 초간단 호떡 레시피예요.
설탕과 꿀로 만든 소 외에도 치즈, 고구마무스, 팥앙금 등 다양한 소를 활용해서 취향에 맞게 만들어보세요.

지름 9cm 3개 분량

- 르방 70g
- 머스코바도 40g(또는 황설탕, 흑설탕)
- 꿀 15g
- 견과류 10g(호두, 피칸 등)
- 씨앗류 10g(호박씨, 해바라기씨 등)
- 식용유 2큰술

1 볼에 머스코바도, 꿀, 견과류, 씨앗류를 넣고 섞어 소를 만든다.

2 중약 불로 달군 프라이팬에 식용유를 넉넉히 두르고 르방을 얇게 펼친다.

3 반죽 가운데에 ①을 적당량 올리고 그 위에 다시 르방을 올려 소가 보이지 않게 덮는다. 올린 반죽을 숟가락으로 살살 눌러 밀착시킨다.

4 바닥면이 바삭하고 노릇하게 익으면 뒤집어 반대쪽도 굽는다.

르방패티 햄버거

햄버거 패티에 르방을 넣으면 더 맛있다는 거, 알고 계신가요? 르방이 고기 잡내를 잡아주고
육즙을 흡수해서 시간이 지나도 촉촉하답니다. 패티를 한 번에 넉넉히 빚어 종이포일이나 랩으로 감싼 후
냉동 보관해두면 그때그때 해동해 구워 먹을 수 있어 편리해요.

4개 분량

- 햄버거빵 4개
- 토마토, 로메인 약간
- 슬라이스 체다치즈 4장
- 식용유 약간

르방 패티 반죽
- 다진 소고기, 돼지고기 각 200g
- 르방 60g　　• 다진 마늘 20g
- 분말육수 4g(생략 가능, 또는 참치액)
- 매실청 20g(또는 유자청)
- 진간장 20g　　• 참기름 1작은술
- 소금 1/2작은술
- 후춧가루 1/2작은술

1　햄버거빵은 반으로 가르고, 토마토는 1cm 두께로 썬다.

2　볼에 르방 패티 반죽을 넣고 5분 이상 충분히 치댄다.

3　반죽을 나눠 두께 1.5~2cm 정도로 둥글납작하게 빚은 후 가운데를 살짝 누른다.

→　굽는 동안 중앙이 부풀어 오르는 걸 방지해요.

4　중간 불로 달군 팬에 식용유를 두르고 ③을 올려 앞뒤로 2분씩 노릇하게 굽는다.

→　패티가 두껍다면 양면을 구운 후 약한 불로 줄여 뚜껑을 덮고 속까지 익혀요.

5　①의 햄버거빵 사이에 토마토, 로메인, ④의 패티, 체다치즈를 넣는다.

→　기호에 따라 빵 안쪽에 케첩, 마요네즈, 머스터드 등을 발라도 좋아요.

르방 튀김옷의 어니언링

르방을 튀김옷으로 활용하면 한층 더 바삭한 튀김을 맛볼 수 있어요. 한입 베어 물면 느껴지는 경쾌한 식감에
달달한 양파와 함께 어우러지는 르방의 풍미. 아이들 간식이나 안주로도 좋아요.

14~16개 분량

- 양파(중간 크기) 1개
- 빵가루 약간
- 파슬리가루 약간(생략 가능)

튀김옷

- 르방 50g
- 중력분 15g
- 타피오카전분 10g(또는 감자전분)
- 파마산치즈가루 10g
- 베이킹파우더 1g(생략 가능)
- 찬물 40~50g
- 소금, 고춧가루 각 1/2작은술
- 식용유 넉넉히(튀김용)

1 양파는 0.8~1cm 두께로 동그랗게 썰어 링 모양으로 분리한다.

2 찬물에 10분간 담가 매운맛을 빼고 키친타월로 물기를 제거한다.

3 볼에 튀김옷 재료를 넣고 잘 섞는다.

→ 반죽 농도는 걸쭉한 요거트 정도가 적당해요.

4 ②의 양파를 ③에 넣고 골고루 묻힌 후 빵가루를 묻힌다.

5 170~180℃로 달군 식용유에 ④를 넣고 겉이 바삭하고 노릇노릇해질 때까지 튀긴
후 키친타월에 올려 기름기를 뺀다. 파슬리가루를 뿌린다.

→ 식용유에 튀김옷을 조금 떨어뜨렸을 때 바로 기포가 올라오면서 반죽이 떠오르면
알맞은 온도예요.

르방 밀전병쌈

르방 밀전병은 기름 없이 팬에 부쳐도 잘 찢어지지 않고, 부드러우면서 쫀득해 쌈으로 먹기 좋아요.
크기를 맞춰 채 썬 채소들과 함께 내면 맛도 좋고 보기에도 정갈해 누구나 좋아할 거예요.

지름 6cm 15장 분량

- 각종 채소 적당량
  (파프리카, 오이, 당근, 표고버섯 등)
- 겨자초장 적당량
  (간장 1과 1/2큰술 + 식초 1큰술 +
  설탕 1작은술 + 연겨자 1/2작은술)

밀전병 반죽
- 르방 50~70g
- 중력분 100g(또는 부침가루)
- 찹쌀가루 5~10g(또는 감자전분)
- 물 200~220g   • 소금 1g
- 참기름 1작은술

1 볼에 겨자초장 재료를 넣고 섞는다.

2 다른 볼에 밀전병 반죽 재료의 르방, 물을 넣고 잘 푼 후 나머지 재료를 모두 넣고 날가루 없이 섞는다.

→ 반죽 농도는 팬 위에 얇게 펼칠 수 있도록 주르륵 흐르는 정도면 적당해요.

3 약한 불로 달군 팬에 반죽을 1~2스푼씩 떠서 얇고 넓게 펼친 후 색이 나지 않게 앞뒤로 부친다.

4 다양한 채소를 채 썬다.

→ 표고버섯은 팬에 식용유를 살짝 두르고 숨이 죽을 정도로만 볶아요.

5 ④의 채소를 ③의 밀전병에 싸서 겨자초장을 곁들여 먹는다.

르방김치전

르방을 넣어 더 바삭하고 속은 부드러운 김치전이에요. 묵은 김치만 있다면 집에 있는 재료로 뚝딱 만들 수 있어요.
반죽을 완성한 후 10분 정도 숙성하면 르방의 풍미가 더 살아난답니다.

지름 5cm 20장 분량

- 중력분 50g(또는 부침가루)
- 채 썬 김치 100g
- 르방 50g
- 김치 국물 20g
- 물 20~40g
- 식용유 약간

1 볼에 르방, 김치 국물, 물을 넣고 푼 후 중력분, 채 썬 김치를 넣어 골고루 섞는다.

→ 기호에 따라 양파, 대파, 청양고추 등을 넣어도 좋아요. 김치에서 수분이 많이
나온다면 부침가루나 통밀가루를 1~2큰술 더해 농도를 맞추세요.

2 중간 불로 달군 프라이팬에 식용유를 두른 후 반죽을 적당한 크기로 펼쳐 앞뒤로
노릇하게 부친다.

→ 펼친 반죽 위에 물에 적신 라이스페이퍼(전 크기에 맞춰 자른 것)를 올린 후 뒤집어
구우면 반죽을 뒤집기도 쉽고 더 바삭하게 즐길 수 있어요.

르방수제비

수제비 반죽에 르방을 넣으면 쫀득한 식감과 구수한 향이 살아나요.
끓였을 때 잘 퍼지지 않아서 더 맛있게 즐길 수 있답니다.

2인분

- 물 500g
- 분말육수 8g
- 각종 채소 적당량
  (표고버섯, 당근, 양파, 애호박 등)
- 액젓 약간

수제비 반죽
- 통밀가루 300g
- 르방 50g
- 물 180g
- 소금 2g
- 식용유 약간

1 준비한 채소를 채 썬다.

2 볼에 수제비 반죽 재료를 넣고 섞어 5~10분간 찰기가 생기도록 치댄 후
   냉장고에 30분~1시간 숙성시킨다.

→ 모든 재료를 믹서기에 넣고 돌리면 치대지 않아도 반죽이 완성돼 바로 사용할 수
   있어요.

3 냄비에 물(500g), 분말육수를 넣고 중간 불에서 끓인다.

4 손에 물을 묻혀가며 ②의 반죽을 얇게 떼어 ③에 넣은 후 수제비가 떠오르면
   중간 불에서 2~3분간 더 끓인다.

5 ①의 채소, 액젓을 넣고 한소끔 끓인다. 맛을 보고 부족한 간은 소금을 더해
   맞춘다.

가장 많이 하는 질문과 답변

르방을 처음 키우다 보면 의문이 참 많아져요. 냄새가 나기도 하고,
기포가 안 보이기도 하고, 이게 잘 되고 있는 건지 헷갈리는 순간이 누구에게나
찾아오죠. 팔로워들에게 자주 받는 질문을 모아, 초보자가 어렵게 느낄 만한
포인트들을 쉽게 풀어드릴게요.

▼ 르방 Q&A

Q 르방이 잘 자라지 않는 이유는 뭔가요?

A 르방을 처음 키우기 시작할 때나 밥을 주고 상태를 살펴볼 때, 성장이
더디다면 아래 체크리스트에서 원인을 체크해보세요.

- ☑ 실내 온도가 24℃ 이하예요.
- ☑ 밥을 줄 때 사용한 밀가루가 박력분이에요.
- ☑ 르방이 묽은 상태예요.
- ☑ 밥을 줄 때 밀가루나 물이 너무 많이 들어갔어요.
- ☑ 르방 용기 뚜껑을 너무 꽉 닫았어요.

이렇게 해결하세요!

- 실내 온도가 낮다면 뜨거운 물을 담은 컵과 르방 용기를 함께 리빙박스나
  오븐에 넣어 따뜻한 온도를 유지해요.
- 밥을 줄 때 통밀가루나 호밀가루를 20% 섞어보세요.
- 르방이 너무 묽다면 밥을 평소보다 조금 더 자주 주세요.
- 밥을 너무 많이 줬다면 르방이 자라는 시간을 조금 더 주세요. 밥 주는 주기
  조절하는 방법을 참고해 소요 시간을 가늠해보세요(22쪽).
- 뚜껑을 너무 꽉 닫으면 르방이 자라면서 배출하는 이산화탄소 때문에 용기
  내부의 압력이 높아져 발효가 원활하게 일어나지 않아요. 뚜껑은 완전히
  밀폐하지 말고, 마르지 않게 덮는 용도로 사용하세요.

Q 외출할 땐 어떻게 관리하면 될까요?

A 반려동물처럼 돌봄이 필요한 르방.
혼자 두고 외출하기 불안하다면
아래 방법을 따라 해보세요.

하루 이상 외출한다면

- 냉장고에 넣어 두는 게 가장
  안전해요(25쪽).
- 외출 전 르방에 밥을 주고 뚜껑을
  덮어 냉장고에 넣으세요. 가능하다면
  실온에 1시간 정도 둔 후 냉장고에
  넣으면 가장 좋아요.

장기간 외출한다면

- 건조 르방으로 만들어 보관하는 것이
  좋아요(26쪽).
- 필요할 때 다시 활성화시켜서
  사용해요(27쪽).

Q 르방이 죽은 걸까요?

A 살아 숨쉬고 자라나는 르방.
하지만 르방이 다음 세 가지에 모두 해당된다면, 안타깝지만
용기를 깨끗이 세척하고 처음부터 다시 시작하는 것이 좋아요.

- ☑ 르방 위로 검은 물이 차올랐어요.
- ☑ 썩은 듯한 악취가 나요.
- ☑ 르방이 검게 변하고 곰팡이가 생겼어요.

다음의 경우에는 충분히 회복할 수 있답니다.

- 냉장고에 오래 방치되어 겉면이 말랐어요.
- 밥을 너무 늦게 줘서 르방의 힘이 약해졌어요.
  - → 남은 르방을 조금 덜어내고 기본 공식(22쪽)을 따라 밥을 주면
    다시 살아날 수 있어요.

Q 르방 용기는 밥 줄 때마다 바꿔야 하나요?

A 매번 용기를 교체할 필요는 없어요. 다만 다음
같은 경우에는 내용물을 버리고 세척을 하는
게 좋아요.

- 곰팡이가 생겼을 때
- 병 벽에 검게 굳은 르방이 오래 남아 있을 때
- 병에서 이상한 냄새가 날 때
- 오랫동안 방치한 병을 재사용할 때

Q 르방에 곰팡이가 생겼어요

A 곰팡이는 위생 상태가 좋지 않거나,
과발효되었거나 습기가 많은 상태에서
잘 발생해요. 아래 체크리스트에서 원인을
점검해보세요.

- ☑ 사용한 도구나 손이 오염되어 있었나요?
- ☑ 너무 묽은 상태에서 밥을 주지 않고
  방치했나요?
- ☑ 용기가 과도하게 밀폐되어 있었나요?
- ☑ 실내 온도가 30℃ 이상으로 높았나요?

이렇게 해결하세요!(곰팡이 종류별)

흰색의 얇은 막
아세토박터(초산균)일 수 있어요. 윗부분을
걷어내고 밥을 주면 다시 살릴 수 있답니다.

푸른색, 검은색, 분홍색, 주황색 곰팡이
식중독을 유발하거나 해로운 독소를 가진
곰팡이입니다. 아주 소량이라도 눈에 띈다면
르방 전체에 퍼졌을 가능성이 높아 반드시
폐기해야 해요.

Q 르방이 묽어지거나 수분과 분리되어 층이 생겼어요

A 르방 위에 액체층(후치hooch)이 생기거나 내용물이 분리되고, 또는 묽어지는 현상은 과발효나 먹이 부족 때문이에요.

이렇게 해결하세요!

- 윗부분의 액체를 따라내고 남은 르방에 밥을 주세요. 밥 주기를 반복하면 르방이 다시 건강해져요.
- 액체를 따라내도 수분이 너무 많다면 밀가루를 5~10g씩 더 넣어보면서 농도를 맞춰요.

Q 르방에서 시큼한 냄새가 나요

A 르방이 시큼해졌다는 것은 젖산균과 초산균이 과도하게 발효되었음을 뜻해요. 이때 르방이 너무 빨리 부풀어 오르는 모습을 보이기도 하는데, 오히려 관리가 어렵고 과발효되기 쉬워요. 아래 체크리스트에서 원인을 점검해보세요.

- ☑ 먹이를 주는 주기가 너무 길었나요?
- ☑ 먹이의 양이 너무 적었나요?
- ☑ 여름철 실온에 오래 두었나요?
- ☑ 발효력이 좋은 통밀, 호밀가루의 비율이 높았나요?
- ☑ 아주 오래된 르방을 계속 사용했나요?

이렇게 해결하세요!

- 밥 주는 주기를 줄이고, 하루에 2회 정도 밥을 주세요.
- 밥을 줄 때 호밀, 통밀보다는 강력분, 중력분의 비율을 높여요.
- 밥(밀가루와 물)의 양을 르방의 4배 또는 5배만큼 늘려요.
- 여름철에는 르방을 냉장고에 넣고 천천히 키워요.

Q 르방의 기포를 풍성하게 키우고 싶으면 어떻게 하나요?

A 르방의 기포 크기는 사용한 밀가루 종류와 발효 조건에 따라 달라져요. 기포가 작다고 해서 르방 만들기에 실패한 것은 아니지만, 더 가벼운 질감의 사워도우를 만들기 위해 르방의 기포를 풍성하게 만들고 싶다면 다음 방법을 따라 해보세요.

- 밥을 줄 때 밀가루에 호밀가루를 약 20% 섞으면 기포 생성이 활발해져요.
- 발효 중간에 한 번씩 주걱으로 르방을 골고루 섞으면 반죽 사이사이 산소가 공급돼 기포가 더 풍부해져요. 섞은 직후에는 기포가 꺼지지만 금방 다시 부풀어 오르니 걱정 마세요.

A 르방을 다 써버려 남은 게 거의 없어도 걱정하지 마세요. 용기 벽면이나 주걱에 남은 소량의 르방만으로도 다시 시작할 수 있어요.

1 남은 르방을 긁어모아 무게를 잰다.

2 르방 무게의 10배, 20배만큼의 밥을 주고 실온에 두고 부피가 2배가 될 때까지 기다린다.

3 밥 주기 기본 공식(22쪽)을 따라 밥을 줘가며 필요한 양이 될 때까지 키운다.

▼ 사워도우 Q&A

Q 발효를 더 빠르게 마치고 싶다면 어떻게 하나요?

A 사워도우를 만들 때 발효 과정이 너무 길어 조금 단축하고 싶다면 두 가지 방법을 시도해볼 수 있어요.

① 르방 양 늘리기

일반적으로 르방은 반죽에 들어가는 밀가루 양 대비 20~30% 정도를 넣어요. 이것보다 많은 르방을 사용하면 발효가 빨라진답니다. 단, 르방 비율이 늘면서 반죽이 질어질 수 있으니 총 수분량을 줄여 점도를 조절해야 하고, 폴딩 간격도 짧게, 1차 발효나 저온 숙성 시간도 기존보다 약간 앞당겨 조절하는 것이 좋아요. 이 밖에도 과발효를 방지하기 위한 세심한 관찰이 필요해요.

② 이스트 소량 더하기

이스트는 균의 활성이 강하고 발효력이 일정하게 유지되기 때문에, 르방보다 발효 속도가 훨씬 빨라요. 르방을 물에 풀 때 이스트를 전체 반죽 무게의 0.1~0.2% 정도 넣어 함께 섞으면 발효 시간을 훨씬 짧게 줄일 수 있답니다. 이 방법은 발효가 안정적으로 진행되기 때문에 초보자에게도 어렵지 않을 거예요.

Q 이스트 레시피를 르방 레시피로 바꿀 수 있나요?

A 물론이에요. 일반 빵 레시피에 들어 있는 이스트를 빼고, 르방으로 대체해도 충분히 발효가 가능해요. 다만 몇 가지 조절이 필요해요.

① 르방 양 정하기

보통 반죽에 들어가는 밀가루 양의 20~30%만큼 르방을 넣어요. 처음에는 20%부터 시작해서 익숙해지면 조금씩 늘려가도 좋아요.

② 물의 양 조절하기

르방 자체에 이미 물이 들어 있기 때문에, 레시피에 있는 물의 양에서 르방에 포함된 수분만큼 줄여야 해요. 예를 들어, 르방 100g은 물 50g + 밀가루 50g으로 구성되니 레시피에서 물 50g을 줄여야 전체 수분율이 맞춰져요. 들어가는 물 양의 10~20% 정도를 남겨두고 반죽하면서 조금씩 조절하는 것이 좋아요.

③ 발효 시간 늘리기

이스트는 빠르게 부풀지만, 르방은 효모와 유산균이 만들어내는 복합적인 풍미와 구조가 핵심이기 때문에 이들이 충분히 활동할 수 있도록 시간을 들여 천천히 숙성시키는 과정이 필수예요. 발효점 확인하는 방법을 참고해(32, 35쪽) 충분히 발효시켜 완성해보세요.

A 반죽기를 사용하면 짧은 시간 동안 고르게 치대져 글루텐이 빠르게 형성되고 폴딩 횟수도 줄일 수 있어요. 덕분에 손이 덜 가고, 전체 작업 시간도 줄어들어 조금 더 수월하게 사워도우를 만들 수 있답니다. 발효, 성형 등의 과정은 손반죽 레시피와 동일하게 진행해요.

1 믹싱볼에 물과 밀가루를 넣고 저속으로 2분간 섞은 후 뚜껑이나 랩으로 덮어 실온에 30분~ 1시간 둔다.

2 르방과 소금을 넣고 중속에서 10분간 돌린다.
→ 반죽 온도가 26℃까지 오르거나, 표면에 광택이 나고 매끄러워지면 반죽을 멈춰요.

3 반죽을 늘렸을 때 손이 비칠 만큼 얇게 늘어나는지 확인한다.

4 반죽을 일반 볼로 옮겨 1시간 간격으로 2번 말아 접기(31쪽) 한다.

Q **사워도우, 우리밀로만 만들려면 어떻게 하나요?**

A 백강밀, 조경밀, 금강밀, 앉은키밀 등 우리밀로도 고소하고 담백하면서 촉촉한 사워도우를 만들 수 있어요. 단, 아래 내용을 참고해 우리밀의 특성에 맞게 조절하세요.

① 물 양 줄이기
우리밀은 수분 흡수율이 낮아 같은 양의 물을 쓰면 반죽이 질어져요. 레시피보다 물을 약 15% 줄이고, 필요하다면 조금씩 보충해요.

② 밀가루 혼합해 사용하기
강력분만 쓰면 반죽이 질어지거나 질감이 묵직해지기도 해요. 중력분이나 통밀가루를 섞으면 더 균형 잡힌 식감을 만들 수 있어요.

Index

매일 만들어 먹고 싶은

홈메이드 사워도우
Sourdough

1판 1쇄 펴낸 날	2025년 7월 22일
1판 2쇄 펴낸 날	2025년 12월 3일

편집장	김상애
책임편집	내도우리
디자인	조운희
사진	박형인(studio TOM, 완성 및 사진 보정) / 이하윤(과정)
요리 어시스트	원창재
기획 · 마케팅	엄지혜

편집주간	박성주
펴낸이	조준일

펴낸곳	(주)레시피팩토리
주소	서울특별시 용산구 한강대로 95 래미안용산더센트럴 A동 509호
대표번호	02-534-7011
팩스	02-6969-5100
홈페이지	www.recipefactory.co.kr
애독자 카페	cafe.naver.com/superecipe
출판신고	2009년 1월 28일 제25100-2009-000038호

제작 · 인쇄	(주)대한프린테크

값 21,000원

ISBN 979-11-92366-57-9

후원	한국 마루비시